초월하는 뇌

인간의 뇌는 어떻게 영성, 기쁨, 경이로움을 발명하는가

초월하는 뇌

The Transcendent Brain

앨런 라이트먼 지음 | 김성훈 옮김

다산
초당

이 책에 쏟아진 찬사

『초월하는 뇌』는 과학으로 설명할 수 없는 것처럼 보이던 경험을 과학적 세계관으로 탁월하게 탐구한다. 라이트먼은 여느 뇌과학자들처럼 물질적 세계의 법칙을 철저히 따르면서도, 경외감과 아름다움, 그리고 자신을 초월한 존재와의 연결감을 깊이 성찰한다. 그의 글은 물질적 세계에 대한 우리의 이해를 확장시키는 동시에, 우리가 느끼는 경이로움의 본질을 깊이 탐구하는 여정을 선사한다. 이 책은 과학자만이 쓸 수 있는 영혼 탐구서다.
정재승(뇌과학자, KAIST 뇌인지과학과 교수)

법의학자의 관점에서 이 책은 인간 정신의 복잡성을 이해하는 데 특별한 통찰을 주었다. 죽음을 모든 것의 끝이 아니라 의식과 영성이라는 새로운 관점에서 이해하도록 유도하며, 생명체의 경이로움과 이를 넘어선 연결성을 가슴 깊이 생각하게 한다. 인간 존재의 본질에 대한 이 책의 깊은 질문은 독자에게 과학적 사고와 철학적 성찰의 새로운 가능성을 제시한다. 과학적 탐구와 영적 경험은 서로 배타적이지 않으며, 우리는 이 둘의 조화를 통해 자신과 세계를 더 깊이 이해할 수 있을 것이다.
유성호(법의학자, 서울대 의과대학 교수)

라이트먼은 학문적인 열정과 무한한 호기심으로, 원자로 이루어진 우주와 우리의 뇌가 어떻게 경외감과 놀라움, 숭고함을 느낄 수 있는지 묻는다. 과학과 인문학이 만나는 지점에서 펼쳐지는 인간의 영혼에 대한 매혹적인 탐구.
데이비드 카이저(MIT 물리학 및 과학사 교수)

이 책은 과학 지식이 초월의 경험을 약화하거나 없애는 것이 아니라 오히려 북돋는다는 사실에 대한 철저하고 개인적인 탐구다. 라이트먼은 우리가 자기 자신을 이해하고 나를 둘러싼 세계의 경이로움을 즐길 수 있도록 직접적인 영감을 준다.
존 카밧진(매사추세츠대학교 의과대학 명예교수, 〈처음 만나는 마음챙김 명상〉 저자)

이 책은 신경, 원자, 생물의 자기조직화에서 발생하는 새로운 구조, 감정, 가치에 대한 주목할 만한 이야기이며, 반딧불이 떼의 집단 점멸과 사회성, 그리고 의식 자체의 경이로움을 성찰하라는 제안이다.
피터 갤리슨(하버드대학교 과학 및 물리학사 교수)

한낱 원자와 분자가 어떻게 자아와 영혼 같은 광대하고 복잡하며 물질로 환원될 수 없는 것처럼 느껴지는 경험들을 만들어내는지에 대한 매우 설득력 있는 이야기. 〈마지넬리안〉

라이트먼은 과학적 지식의 탐구가 인간이 느끼는 경이로운 순간을 방해하지 않는다는 것을 열정적으로 증명한다. 눈여겨보기만 한다면 경이로움은 어디에나 있다는 것을 상기시키는 감동적인 책. 〈북리스트〉

라이트먼은 아름답고 정제된 언어로 복잡한 생각과 감정에서 날카로운 통찰을 이끌어낸다. 우리 안에 경이로움의 불꽃을 일으키는, 올리버 색스의 계보를 잇는 귀중한 과학 저자. 〈월스트리트저널〉

라이트먼은 크고 복잡한 문제를 다루는 것을 주저하지 않는다. 이 책에서 그는 과학자가 설명할 수 없다고 여겨지던 것들을 성공적으로 설명해낸다. 그는 우리가 세상이 어떻게 돌아가는지 알고자 하는 열망을 저버리지 않으면서 완전히 이해할 수 없는 것들에 자신을 내맡길 수 있도록 균형을 잡아준다. 〈커커스 리뷰〉

만물이 그 웅장한 자태를 드러내며
안개가 걷힐 때
흙으로 빚어진 그 모든 것보다
내가 좋아했던 이 원자를 보라!

_에밀리 디킨슨

서문

메인주의 작은 섬에 있는 우리 집 근처에 물수리 한 가족이 여러 해 동안 살았다. 철마다 아내와 나는 그 물수리 가족이 치르는 의식과 습관을 관찰했다. 물수리 부모는 남미에서 겨울을 보낸 후, 4월 중순이면 이 둥지를 찾아와 알을 낳았다. 그리고 5월 말이나 6월 초가 되면 알이 부화했다. 성실한 아빠 물수리가 물고기를 잡아 둥지로 가져오면 새끼들이 그것을 먹고 무럭무럭 자랐고, 8월 중순 즈음이면 첫 비행을 할 수 있을 정도로 컸다. 그 계절 내내 아내와 나는 물수리 가족에게 일어나는 일을 모두 기록했다. 우리는 매해 태어나는 새끼들의 수를 기록했다. 8월 초면 새끼들은 첫 날갯짓을 했고, 그로부터 2주 후면 공중으로 떠올라 처음으로 둥지를 떠날 수 있을 만큼 충분히 힘이 세졌다. 몇 년 동안 이런 데이터를 수집하다 보니 우리가 이 물수리들에 대해 꽤 잘 안다는 생각이 들었다.

우리는 위험과 배고픔, 먹이의 도착을 알릴 때 부모 물수리가 내는 서로 다른 울음소리를 구분할 수 있었다. 여름 내내 내가 그들을 지켜보는 동안 그들도 나를 지켜봤다. 우리 집 2층 원형 발코니의 높이가 물수리 둥지의 높이와 얼추 비슷했기 때문에 물수리 새끼들 눈에는 나도 둥지 안에 있는 것처럼 보였을 것이다.

그러던 8월의 어느 늦은 오후, 내가 2층 발코니에서 그들을 지켜보고 있을 때, 그해에 태어난 어린 물수리 두 마리가 처음으로 날아오르기 시작했다. 새끼들이 바다 위로 800미터 정도 넓게 원을 그리며 날더니 엄청난 속도로 나를 향해 날아왔다. 어린 물수리는 다 큰 성체보다 살짝 몸집이 작기는 해도 강력하고 날카로운 발톱을 가진 큰 새였다. 나는 당장 숨을 곳을 찾아 달아나고 싶은 충동을 느꼈다. 그 새들이 내 얼굴을 갈가리 찢어버릴 수도 있으니까 말이다. 하지만 무언가가 내 발을 붙잡았다. 새끼들은 나에게서 5, 6미터 떨어진 곳까지 다가왔다가 갑자기 위로 방향을 틀어 사라졌다. 하지만 화려하고도 무서운 수직 상승을 하기 직전에 약 0.5초 정도 나와 눈이 마주쳤다. 그 순간에 우리 사이에 오고 간 것이 무엇인지 말로는 표현할 길이 없다. 그것은 우리가 같은 땅에서 함께 살고 있음을 인정하는 연결의 유대감과 상호 존중의 눈빛이었다. 그 눈빛은 분명히 이렇게 말하고 있었다. "이곳에서 우리는 형제입니다." 어린 물수리가 사라진 후에 나는 몸을 떨며 눈물을 흘렸다. 그 짧은 순간에 대체 무슨 일이 일어난 건지 나는 아직도 이해하지 못한다. 하지만 그것은 자연과의 심오한 유대였다. 나보다 훨씬 큰 무언가의 일부가 된 느낌이었다.

경이로운 우주의 물질주의자

나는 과학자다. 그래서 항상 과학적 관점으로 세상을 바라본다. 우주는 오로지 물질로만 이루어져 있으며, 물질은 몇 가지 근본적인 법칙의 지배를 받는다고 믿는다. 모든 현상에는 원인이 있으며, 그 원인은 물리적 우주에서 비롯된다. 나는 유물론자 혹은 물질주의자다. 비싼 자동차를 타고 멋진 옷을 빼입는 데서 행복을 추구한다는 의미가 아니라, 말 그대로 세상 모든 것이 원자와 분자로 이루어져 있으며 그 외의 것은 존재하지 않는다고 믿는다는 의미다. 하지만 나는 초월적인 경험을 한다. 그해 여름 나는 메인주에서 물수리 두 마리와 교감

했다. 나는 나 자신보다 더 큰 무언가의 일부가 된 기분을 느낀다. 나는 다른 사람들, 살아 있는 것들, 심지어 별들과도 연결되어 있다는 유대감을 느낀다. 나는 아름다움을 느낀다. 나는 경외감을 느낀다. 그리고 무아지경의 창조적 순간도 경험한 적이 있다. 물론 다들 이와 비슷한 느낌이나 순간을 경험한 적이 있을 것이다. 이 경험들이 모두 똑같지는 않겠지만 유사한 점이 충분히 많기 때문에, 나는 이를 '영성spirituality'이라는 이름으로 묶어서 말하려고 한다.

나는 나 자신을 영적 유물론자spiritual materialist라고 부른다. 이 용어는 1973년에 티베트 불교의 스승 고故 초감 트룽파 Chögyam Trungpa가 만든 것으로, 어떤 일시적인 마음 상태가 그를 고통에서 벗어나게 해준다는 (잘못된) 믿음을 가진 사람을 의미한다. 그는 "일시적인 마음 상태"라고 말하면서 아마도 비싼 자동차와 멋진 옷, 그리고 즐거운 로맨스 등을 떠올렸을 것이다. 하지만 나는 이 영적 유물론자라는 말을 다른 의미로 사용하고 있다. 나는 우리가 경험하는 영적 경험이 원자와 분자에서 비롯될 수 있다고 믿는다. 하지만 한편으로는 이런 경험 중 일부가 대단히 개인적이고 주관적인 본성을 가지고 있어 원자와 분자라는 관점에서 온전히 이해하기는 불가능하다고 믿는다. 나는 화학, 생물학, 물리학의 법칙을 믿는다. 사실 한 명의 과학자로서 나는 그런 법칙들을 존경한다. 하지만 그런 법칙들이 야생동물과 눈이 마주치는 1인칭 시점의 경험이나 그와 비슷한 초월적 순간까지 담아낼 수 있다고 생각하지는 않는다. 우리에게는 0과 1로 환원할 수 없는 인간만의 경험이 있다.

나는 내가 묘사한 감정들이 뇌에서 일어나며, 완전하게 갖춰진 신경계에 의해 강화될 것이라 가정하겠다. 현대 생물학의 관점에서 보면, 모든 정신적 감각은 물질로 이루어진 신경계의 뉴런과 그들 사이에서 일어나는 전기적, 화학적 상호작용에 뿌리를 두고 있다. 이런 가정을 염두에 두고 우리의 핵심적인 질문을 좀 더 구체적이고 직설적으로 표현하면 다음과 같다. 사람의 신경계에 들어 있는 물질적인 뉴런이 어떻게 영적인 느낌을 불러일으킬 수 있을까?

최근 몇 년 동안 과학자들은 창발 현상emergent phenomenon이라는 사건과 과정을 이해하게 됐다. 창발 현상이란 개개 부분에서 명확하게 드러나지 않는 행동이 전체 복잡계에서는 드러나는 것을 말한다. 반딧불 무리가 반짝임을 동기화하는 것이 창발 현상의 좋은 사례다. 여름밤에 반딧불 무리가 들판에 모이면 처음에는 마치 크리스마스 트리의 꼬마전구처럼 각각의 반딧불들이 각자 서로 다른 시간에, 서로 다른 속도로 무작위로 반짝인다. 하지만 1분 정도 지나면, 대장 반딧불이 명령을 내리는 것도 아닌데 모든 반딧불이 내부의 신경계를 조정해서 동시에 빛을 깜박이기 시작한다. 이런 집단적 행동은 반딧불 한 마리를 분석해서는 이해할 수 없다. 이와 마찬가지로 1000억 개의 뉴런으로 이루어진 우리의 뇌도 개개의 뉴런으로는 설명하거나 예측할 수 없는 온갖 종류의 놀라운 행동을 보여준다. 창발 현상이라는 개념은 순수하게 물질적인 세계가 어떻게 복잡한 인간의 경험과 양립할 수 있는지에 대한 단서를 제공한다.

과학의 가장 큰 신비, 의식

영성보다 훨씬 더 근본적인 것이 바로 우리가 의식consciousness 이라고 부르는 경험이다. 의식이란 자기존재감sense of being, 자기인식self-awareness, 그리고 자신이 느끼고 생각할 수 있는 별개의 실체로 존재한다는 '나라는 느낌I-ness'을 말한다. 어떻게 물질로 이루어진 신경계의 뉴런이 의식이라는 감각을 만들어낼 수 있을까?

정신에 대해 얘기하려면 의식에 관한 더욱 심오한 질문들을 반드시 고려해야겠지만, 나는 몇 가지 이유로 영성에 대한 질문에 더 관심이 간다. 의식은 우리 모두가 경험하지만 대단히 미묘하고 정의 내리기도 어려워서 신경생물학자, 철학자, 심리학자 모두에게 여전히 난해한 개념으로 남아 있다. 어쩌면 의식이라는 것을 두고 우리 모두가 잘못된 질문을 던지고 있는지도 모른다. MIT의 저명한 신경과학자 로버트 데시몬Robert Desimone은 내게 의식의 신비가 너무 과대평가되어 있다고 말했다. 의식이란 그저 뉴런의 전기적, 화학적 활동에서 나타나는 감각에 붙인 모호한 이름에 불과하다는 것이다. 나는 데시몬 교수의 생각에 완전히 동의하지는 않는다. 의식이 물질로 이루어진 신경계에 뿌리를 두고 있다는 생각은 전적으로 지지하지만, 의식의 신비가 과장되어 있다고는 생각하지 않는다. '나라는 느낌'과 세상에 존재하고 있다는 느낌은 다른 그 어떤 경험과도 다르며, 과학의 가장 큰 신비에 해당한다.

의식을 기정사실로 받아들이면 앞에서 언급한 영성의 다양한 느낌들이 어느 정도 구체적으로 다가오고, 이를 정의하는 것도 가능해진다. 우리는 이런 느낌들의 본질, 기원, 그리고 진화적 이점을 탐구할 수 있다. 물론 의식을 당연한 것으로 받아들일 수는 없다. 영성을 비롯한 인간의 모든 경험이 의식을 바탕으로 하기 때문이다. 그래서 내 탐구에는 의식을 물리적인 뇌와 신경계라는 관점에서 이해하려 시도했던 사람들이 잘 닦아놓은 길을 따라 떠나는 여정이 포함될 것이다. 그 과정에서 의식, 그리고 그로부터 자연스럽게 따라오는 영성이라는 장엄하고 독특한 의식적 경험을 어떤 식으로든 폄하하고 싶은 마음은 전혀 없다.

하지만 더 중요한 것은 일반적인 의식을 넘어서 영적 유물론을 조사하다 보면 우리가 다른 방향으로 나아가게 된다는 점이다. 이것은 전지전능하고, 의도를 가진 초자연적 존재, 즉 신을 끌어들이지 않고도 영성을 이해할 수 있는 기틀을 제공한다. 이런 탐구는 세속적 인본주의secular humanism(신에 대한 믿음 없이도 인간이 도덕적이고 자기충족적인 삶을 살 수 있다는 개념) 같은 지적 운동과 관련되어 있으면서도 동시에 영적 경험의 중요성과 타당성을 인정한다. 또한 이런 탐구는 과학과 영성이 상호 배타적이라는 개념도 반박한다.

물론 이 탐구는 미묘한 구석이 많아서 잘못된 해석을 내리기가 쉽다. 10년 전에 「살롱Salon」에 발표한 '신은 존재하는가?'라는 글에서 나는 우리가 과학의 영역을 넘어서는 경험과 믿음을 가진다고 주장했다. 특히 우리에게는 증명이 불가능해서 그냥 신념의 문제로 받아들여야만 하는 믿음이 있다. 예를 들면 우주가 목적을 가지고 창조되었다는 믿음, 우주가 항상 법칙을 따른다는 믿음 등이다. 그와 동시에 나는 과학자로서 나의 정체성을 확인했다. 내 글이 발표되고 얼마 지나지 않아 신무신론neo-atheist 진영의 일부 사람들이 종교를 옹호하고 종교 신자들의 모호하고 무비판적인 사고에 대해 변명하고 있다며 나를 공격해 왔다. 나는 이렇게 되물었다. 에이브러햄 링컨

Abraham Lincoln이 모호한 사상가였던가? 마하트마 간디Mahatma Gandhi가 모호한 사상가였던가? 내 목표는 신의 존재를 입증하거나 반증하는 것이 아니다.[2] 이런 시도는 것은 종교나 과학 모두에 부질없는 일일 것이다. 내 목표는 종교의 맥락에서 벗어나 인간으로서 경험하는 폭넓은 영적 경험이 있음을 인정하고, 한 명의 과학자로서 그것을 이해하려 노력하는 것이다. 내 여정은 100퍼센트의 확신이나 흑백논리로 채워지지 않을 것이다.

신의 존재를 가정하면 영성을 설명하기가 아주 편해진다. 영성의 기원, 심지어 그 의미도 모두 신에게 돌릴 수 있다. 신이 우리에게 불멸의 영혼을 부여했으며, 이 영혼이 우리를 우주와 연결해 준다. 성 아우구스티누스Saint Augustine가 얘기했듯이 우리의 도덕적 행동과 선악, 아름다움에 대한 감각은 모두 신에게서 그 기원을 찾을 수 있다. 신의 존재를 가정할 경우 영성의 문제는 이미 그 해답이 나와 있고, 많은 사람이 이런 설명을 선호한다. 반면 그런 신적인 존재를 가정하지 않을 경우에는 영성을 설명하기가 어려워지며, 과학적 세계관과의 접점이 더 커진다. 나는 더 어려운 두 번째 길을 선택했다.

인간으로 존재한다는 것

1장과 2장에서는 해당 주제의 역사에 관해 알아본다. 먼저 세상에 대한 비유물론적 관점을 살펴보고, 이어서 유물론적 관점에 대해 살펴보겠다. 물론 대부분의 종교에서 이해하고 있는 비유물론의 대표적인 예는 신이다. 하지만 비유물론적 관점은 신을 향한 믿음 이상의 것을 포함하고 있다. 이 관점은 영적 세계 전체를 아우르며, 이 세계에는 불멸의 영혼, 천국과 지옥, 육신과 별개로 존재하는 비물질적 정신, 유령 등이 포함되어 있다. 나는 이런 개념들이 어떻게 생겨났고, 그 이면의 동기가 무엇인지 이해하고 싶다. 내가 보기에 네안데르탈인의 부장품과 장례 의식에서부터 오늘날의 인간 문화에 이르기까지 영적 세계에 대한 믿음은 우리 심리 깊숙한 곳에 자리 잡은 무언가를 나타내고 있으며, 영성의 느낌과도 무관하지 않다.

앞의 두 장은 빠짐없이 철저한 내용을 다루기 위해 만든 장이 아니다. 이 부분은 역사 중에서 재미있는 부분들에 내 나름의 해석을 보태서 나중에 뇌, 의식, 영성에 대해 논의하는 데 필요한 배경지식을 제공할 의도로 쓴 것이다. 3장에서는 뇌를 물리적 대상으로 다루면서 의식이 어떻게 물질로 이루어진 뇌와 신경계에서 생겨날 수 있느냐는 영원히 풀리지 않는 수수께끼 같은 질문을 탐구한다. 신경과학자, 철학자, 심리학자들이 이 주제에 대해 많은 연구를 진행해 왔다. 알아낸 것도 많고, 여전히 모르는 것도 많이 남아 있다. 이런 연구들의 주요 논거와 결론에 대한 전체적인 그림을 그려보려고 한다. 4장에서는 의식을 당연한 기정사실로 받아들이고, 자연선택의 힘에 노출된, 고도의 의식과 지적 능력을 갖춘 뇌와 정신으로부터 영성이 자연스럽게 창발적으로 출현한다는 주장을 펼칠 것이다.

각각의 장은 주요 인물을 중심으로 구성된다. 1장의 주인공은 내가 영혼에 대해 가장 합리적인 논거를 제시한 사람이라고 생각하는 모제스 멘델스존Moses Mendelssohn이다. 2장의 주인공은 고대 로마의 시인 겸 철학자인 루크레티우스Lucretius다. 그는 이른 시기에 활동한 호소력 있는 유물론자 중 한 명이다. 3장에서는 현대의 신경과학자 크리스토프 코흐Christof Koch가 주인공이다. 그는 의식을 물질적으로 이해하는 분야의 선구자다. 4장의 주인공은 현대의 사회심리학자 신시아 프란츠Cynthia Frantz다. 그는 자연, 그리고 자신보다 더 큰 존재에 대해 우리가 느끼는 유대감의 심리적, 사회적 기반을 연구해 왔다. 마지막 장에서는 영적 유물론에 대한 주요 개념과 오늘날의 세계에서 그것이 가지는 중요성을 다시 살펴본다. 근래 들어 우리의 국가와 세계가 더욱 양극화되는 바람에 과학과 영성 사이의 대화가 점점 더 중요해지고 있다. 과학과 종교/영성은 인간의 문명에 영향을 미치는 가장 강력한 두 가지 힘이다. 양쪽 모두 결코 사라지지 않을 것이며, 둘 다 인간으로 존재하는 것의 일부다. 우리는 실험자experimenter이며, 동시에 경험자experiencer다.

차례

일러두기
- 외국 인명과 외래어의 경우 국립국어원 외래어표기법을 따랐으나, 더 널리
쓰이는 표현이 있을 경우 이를 따랐습니다.
- 본문의 각주는 •로, 미주는 숫자로 표시했습니다. 각주는 옮긴이 주, 미주는
지은이 주입니다.

1장

비물질적 영혼에 대한 오래된 믿음

순수하고 영원하며 불멸하고 불변하는 영혼

The Transcendent Brain

"자아, 에고, 자기 인식…

한낱 원자와 분자로부터 어떻게 이런

독특한 감각이 생겨날 수 있을까?"

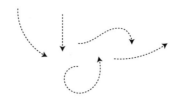

　한 남자가 반대편에 앉은 친구를 향해 몸을 기울인 채 탁
자에 앉아 있다. 한 손은 무릎 위에 올려놓고, 다른 한 손은 듬
성듬성 짧은 수염이 나 있는 턱을 가볍게 받치고 있다. 그는 빨
간 재킷과 짙은 색 바지, 주름진 소매가 달린 셔츠를 입고, 은
색 버클이 달린 신발을 신고 있다. 친구가 미소를 지으며 그에
게 손을 뻗고 있지만 그는 내면의 깊은 생각에 빠져 있는 것 같
다. 마치 현세의 존재들로 이루어진 거대한 우주에 대해, 그리
고 그 후에 일어날 일들에 대해 숙고하는 듯하다. 18세기 유럽
이었다면 그의 얼굴을 알아보는 이가 많았을 것이다. 그의 초
상화가 도자기 찻잔, 꽃병, 펜던트, 그림에 수없이 그려져 있었

기 때문이다. 그의 이름은 모제스 멘델스존이다.

모제스 멘델스존의 초상

빨간 재킷이 등장하는 이 그림¹은 멘델스존과 다른 두 사상가, 독일의 작가 겸 철학자 고트홀트 에프라임 레싱Gotthold Ephraim Lessing과 스위스의 시인 겸 신학자 요하나 카스퍼 라바터Johana Kaspar Lavater의 만남을 보여주고 있다. 라바터는 멘델스존을 "날카로운 눈과 이솝의 몸*을 가진 다정하고 똑똑한 사람, 날카로운 통찰력과 섬세한 취향과 박식함을 겸비한 솔직하고 개방적인 사람"²이라고 묘사했다.

이 장면을 조금 더 자세히 살펴보자. 멘델스존의 외모는 50세 정도로 보인다. 그렇다면 1779년 무렵일 것이다. 탁자 위에는 체스판이 놓여 있고, 그 위에는 놋쇠로 된 붙박이 설치물이 걸려 있다. 윗부분은 샹들리에이고, 아랫부분은 안식일과 유대교의 다른 휴일에 사용되는 기름 램프로 된 형태다. 멘

* 우화 작가 이솝은 왜소하고 불균형한 몸과 못생긴 외모를 가진 것으로 묘사된다. 척추후만증을 가진 멘델스존의 몸을 이솝의 몸에 빗대어 표현한 것이다.

델스존은 그 세대에서 가장 유명한 유대인이다.[3] 그는 신앙심이 깊었지만 유대교도에서 비유대교도로 경계를 뛰어넘은 사람이었다. 히브리어로 쓰인 탈무드와 토라Torah••를 공부하는 전통적인 삶에서 벗어나 프로이센의 프리드리히 대왕Frederick the Great보다 더 능숙하게 말할 정도로 독일어에 통달했고, 자신의 많은 철학 저서도 독일어로 썼다. 방 뒤쪽 벽에는 책으로 가득 찬 선반이 있다. 바닥은 나무로 되어 있고, 천장은 들보가 가로지르고 있다. 탁자는 화려하게 수놓인 녹색 천으로 덮여 있다. 오른쪽에서는 한 여자가 찻잔을 쟁반에 담아 방 안으로 들어오고 있다. 이곳은 멘델스존의 집인 베를린의 슈판다우 거리Spandau Street 68번지다. 한눈에 보기에도 부유한 집이다. 가난한 토라 필경사의 아들로 태어나 몇 년 동안 비단 공장에서 별 볼 일 없는 직원으로 살았던 멘델스존은 결국 그 공장의 공동 소유주가 됐다.

육체의 지휘자, 영혼

내가 멘델스존의 이야기로 책을 시작하는 이유는 자신의

•• 구약성서의 첫 다섯 편으로 유대교에서 가장 중요한 문서.

사상을 기록으로 남긴 철학자나 신학자 중 신 다음으로 중요한 비유물론적 존재인 영혼에 대해 그만큼 이성적으로 자신의 주장을 펼친 사람이 없기 때문이다. 아리스토텔레스Aristotles는 육체 없이는 영혼이 존재할 수 없다고 주장했다. 아우구스티누스Augustinus는 영혼의 모든 측면이 신의 완벽함에서 비롯되었다고 주장했다. 그에게 신은 만물의 출발점이었다. 마이모니데스Maimonides는 영혼의 존재를 가정하며 선한 자의 영혼은 불멸이 된다(죄인은 그렇지 않았다)고 주장했다. 멘델스존은 이런 가정을 전혀 하지 않았다. 갈릴레오와 뉴턴의 과학혁명 이후에 살았던 멘델스존은 처음부터 이런 가정 없이 시작했다. 그는 영혼의 존재와 그 불멸성에 대한 논리적 근거를 구축했다. 멘델스존은 철학자인 동시에 과학자처럼 생각했다. 1763년 수학적 증명을 형이상학에 적용하는 것에 대한 소론으로 이마누엘 칸트Immanuel Kant를 제치고 프로이센 왕립과학아카데미에서 수여하는 상을 받았다. 그의 응접실 벽에는 그리스 철학자들의 초상화 옆에 아이작 뉴턴Isaac Newton의 초상화가 걸려 있다.[4]

멘델스존은 박식가였다. 그는 어릴 때부터 천문학, 수학, 철학을 공부했고, 시도 썼다. J. S. 바흐J. S. Bach의 제자에게 피아노도 배웠다. 16세 때 라틴어를 배운 덕분에 키케로Cicero의 책과 존 로크John Locke의 『인간 지성론』을 라틴어로 읽을 수 있었다. 의사가 된 최초의 프로이센 유대인인 아론 굼페르츠Aaron Gumperz는 멘델스존에게 프랑스어와 영어를 가르쳤다. 20대에 멘델스존은 독일 작가이자 서적상인 크리스토프 프리드리히 니콜라이Christoph Friedrich Nicolai와 손잡고 「비블리오테크Bibliothek」와 「리터라투르브리프Literaturbriefe」라는 문학 학술지를 출간했다. 멘델스존은 5개 언어를 구사하는 것에 만족하지 않고 그리스어까지 배워서 호메로스Homeros와 플라톤Platon도 원문으로 읽을 수 있었다.

1767년에 멘델스존은 플라톤의 유명한 『파이돈Phaedo』을 새로이 해석해서 걸작 『파이돈 또는 영혼의 불멸에 관하여Phädon, or On the Immortality of the SoulPhädon』, 즉 『영혼의 불멸에 관하여On the Immortality of the Soul』를 썼다. 플라톤이 고대 그리스 세계를 대상으로 그랬던 것처럼, 멘델스존은 이 작업을 통해 근대 유럽 세계를 대상으로 영혼의 필연성과 본질에 대해 설명하고자 했다. 멘델스존은 자신의 책 서문에 이렇게 겸손한 글을 남겼다. "나는 형이상학적 증명을 우리 시대의 취향에 맞게 새로이 표현하려 했다."[5] 하지만 그는 그저 표현만 다듬은 것이 아니었다. 그는 완전히 새로운 주장을 펼쳐 보였다. 멘델스존은 육체와 육체의 모든 경험은 부분으로 구성되어 있지만, 최종적으로 어떤 의미에 도달하기 위해서는 이 부분들의 외부에서 개별적인 감각을 통합하고 이끌어줄 생각하는 존재가 반드시 있어야 한다고 추론했다. 교향악단을 이끄는 지휘자가 필요한 것처럼 말이다.

더군다나 육체 너머에서 생각하는 이 존재는 반드시 하나의 전체여야만 했다. 그 존재가 부분으로 구성되어 있다면, 그 외부에서 그 부분들을 구성하고 통합할 또 다른 존재가 필요해질 것이고, 이런 과정이 무한히 이어질 것이기 때문이다. "따라서 공간을 차지하지 않으며, 부분으로 구성된 복합체를 이루지 않고 단일하며, 지적 능력을 가지고 있어서 그 자체로 모든 개념, 욕망, 성향을 통합해 줄 실체substance가 적어도 하나 존재한다. 이 실체를 영혼이라 부르지 못할 이유가 무엇인가?"[6] 그리고 그 유대인 학자는 자연이 항상 계단식으로 나아가기 때문에 영혼은 불멸임이 틀림없다고 주장했다. 자연의 그 어떤 것도 존재에서 무無로 뛰어 넘어가지 않는다.

멘델스존은 신을 굳게 믿는 사람이었고, 『파이돈』에서도 신을 자주 언급했다. 하지만 그보다 앞서 이 주제를 다루었던 대부분의 사람과 달리 비물질적 영혼의 존재와 본질에 대한 그의 논거는 신의 존재를 밑바탕으로 삼지 않았다.

『파이돈』은 바로 성공을 거두어 초판이 4개월 만에 매진되었고, 네덜란드어, 프랑스어, 이탈리아어, 덴마크어, 러시아어, 히브리어로 번역되었다. 이 책은 인간을 진리와 완벽함을 열망하는 고귀한 존재로 그려냈다. 더 중요한 것은 이 책이 18세기 유럽에 영혼의 존재와 불멸성에 대한 이성적인 주장을 제공했다는 점이다. 당시는 과학혁명이 낳은 기계적 세계관의 연장선상에서 유물론적 관점이 널리 퍼져 있던 시기였다. 멘델스존은 이런 불길에 맞불을 놓아 싸웠다. 뉴턴과 다른 과학자들이 구축한 과학적 세계관은 우주를 지렛대와 도르래로 이루어진 시스템으로 환원시켰다. 멘델스존은 여기에 동일한 과학적 추론의 논리를 적용해서 지렛대와 도르래를 아득히 뛰어넘는 비물질적 실체, 즉 영혼을 주장했다.

그는 계몽주의의 빛나는 별이 되어 라이프니츠Leibniz와 칸트, 괴테Goethe의 별자리에 합류했으며, '독일의 소크라테스'[7]라고 불렸다. 그는 대학에 다닌 적도 없었다.

나는 피아노를 통해 멘델스존과 연결되어 있다. 나에게는 볼드윈 아크로소닉Baldwin Acrosonic 업라이트 피아노가 있는데, 최근에 그 피아노로 멘델스존의 손자 펠릭스Felix가 작곡한 '베네치아의 뱃노래Venetian Boat Song'를 연주했다. (펠릭스도 그의 할아버지처럼 몇 가지 언어를 구사했다.) 그러나 그것으로 끝이 아니다. 내 피아노 선생님은 작곡가이자 피아노의 거장인 프란츠 리스트Franz Liszt의 제자의 제자였다. 프란츠와 펠릭스는 앙숙이자 라이벌이었다. (펠릭스는 경쟁자인 프란츠에 대해 이렇게 말한 적이 있다. "프란츠 리스트는 손가락은 많은데 뇌는 거의 없다."[8])

'베네치아의 뱃노래'는 「무언가Lieder ohne Worte」라는 모음집에 수록된 49곡의 사랑스러운 작품 중 하나다. 이 곡에는 슬픔과 갈망이 담겨 있다. 나는 이런 음악적 감정이 그의 할아버지 모제스 멘델스존과 연관되어 있다고 생각한다. 나는 멘델스존이 『파이돈』을 쓰게 된 원동력 중에는 여러 가지 이성적 논거 말고도 불멸, 특히 그의 가족의 불멸에 대한 아주 개인적인 열망도 있었으리라 믿는다. 그의 자녀 중 사라와 차임은 아주 어린 나이에 죽었다. 과연 죽음이 존재의 종말일까? 우리 모두가 던지는 질문이다. 나는 플라톤의 『파이돈』에서 소크라테스가 철학으로 젊은이들을 타락시켰다며 사형 선고를 받은 후 독배를 들기 직전에 자신의 죽음을 목도할 제자들에게 영혼의 불멸성을 논증하여 그들의 슬픔을 달래주려 했던 것처럼, 멘델스존 역시 자신의 『파이돈』에서 가족의 슬픔을 달래며 희망을 주려 했던 것이 아닐까 생각한다.

나는 피아노를 통해서뿐만 아니라 과학과 그 사고방식에 대한 이해를 통해서도 멘델스존과 연결되어 있다는 유대감을 느낀다. 내가 저 그림 속으로 들어가 그와 탁자에 마주 앉을 수 있었다면 몇 가지 질문을 던졌을 것이다. 나는 그의 화려한 지적 외관 이면에는 신에 대한 믿음 이상의 것들이 있었다고 확신한다. 사실 멘델스존은 신에 대해 거의 이신론적인 관점•을 갖고 있었다. (그는 이렇게 썼다. "신은 기적을 최대한 아낀다."9) 이 관점에는 그의 개인적 상실 이상의 것, 그의 이성적인 정신보다도 훨씬 큰 무언가가 작용하고 있다. 순수하게 논리적으로 보면 영혼의 존재에 대한 그의 주요 논거에는 분명 치명적인 결함이 있다. 그는 육체처럼 여러 부분으로 이루어진 존재는 조각들을 한데 모아 조화와 질서를 부여할 수 있는 외부의 존재가 필요하다고 주장했다. 이것은 합리적인 주장이다. 그러나 지난 세기의 과학은 여러 부분으로 이루어진 시스템이 어떻게 자체적으로 질서를 창조할 수 있는지 보여주었다. 이것은 내가 서문에서 말했던 창발이라는 과정을 통해 이루어진다. 흰개미 집단이 빚은 거대한 흙 대성당, 눈송이의 패턴, 고도의 기능을 보여주는 단백질의 정교한 접힘 배열 등은 모두 외부에서 작용하는 조직력이 없어도, 부분들로부터 질서와 조화가 등장할 수 있음을 보여준다.

나는 멘델스존에게 현대과학의 이런 개념들에 대해 설명해 주고 그가 어떻게 반응하는지 즐거운 마음으로 지켜보았을 것이다. 어쩌면 그는 내 말에 반박할지도 모른다. 아니면 새로운 논거를 생각해 낼 수도 있다. 그러나 나는 그런 논거들이 모두 실패할 수밖에 없는 운명이라 생각한다. 내가 보기에 영혼의 존재는 신의 존재와 마찬가지로 어떤 이성적인 논증을 동

• 신이 우주를 창조하기는 했으나 그 후로는 관여하지 않으며, 우주는 자체의 법칙을 따라 움직인다고 보는 사상.

원해도 증명할 수 없다. (반대로 말하면, 신으로부터 비롯되었다고 여겨지는 어떤 현상을 무신론적 논증으로는 설명할 수 없다고 어떻게 확신할 수 있겠는가?) 영혼이나 신을 믿는 사람은 그러한 믿음을 신념의 문제로 받아들여야 한다. 그래도 나는 여전히 멘델스존의 추론을 존경한다. 나는 그의 생각을 빚어낸 다양한 힘, 우리가 살고 있는 이 이상한 우주에서 의미와 위안을 찾으려 시도했던, 수천 년의 세월 동안 버티며 이어져 내려온 그 힘을 이해하고 싶다. 나는 영혼이 어떻게 존재하고, 왜 존재하는지 이해하고 싶다. 사실 비물질적인 모든 것을 이해하고 싶다. 제일 중요한 점은 멘델스존과 다른 철학자들, 신학자들이 공유하는 영혼에 대한 믿음이 내가 영성과 관련지은 다른 감정과 동일한 심리적, 진화적 기반을 가지고 있다는 것이다.

인간을 바위와 구분해 주는 생명력

영혼에 대한 믿음은 오랜 역사를 가지고 있다. 아마도 영혼에 대한 언급 중 가장 오래된 것은 기원전 2315년 고대 이집트 제5왕조의 파라오 우나스Unas의 묘실 벽에 새겨진 상형문자일 것이다.

오, 우나스여! 당신은 죽어서 떠난 것이 아니라, 살아서
떠났습니다.

당신에게 당신의 카ka로부터 전갈이 왔고, 당신의 아버
지로부터 전갈이 왔고

태양으로부터 전갈이 왔습니다.

당신은 별의 차가운 물속에서 정결해지고, 금속 줄을 타
고 태양의 배 위에 오를 것입니다.

그리고 불멸의 별들이 당신을 하늘로 들어 올리면 모든
인류가 당신을 목 놓아 부를 것입니다.[10]

이러한 주문의 목적은 고인이 사후 세계에서 자신의 영혼
과 하나가 되도록 돕는 것이다. 고대 이집트인은 각각의 인간
이 세 부분으로 이루어졌다고 믿었다. 물질로 이루어진 육체,
그리고 사후에 신에게로 돌아가는 보편적 생명력이자 비물질
적 요소인 카, 그리고 개인의 독특한 성격을 담고 있는 비물질
적 요소인 바ba였다. 죽음을 맞이하면 카와 바는 육체를 떠났
다. 사후 세계에서 불멸의 영혼이 되기 위해서는 바가 카와 다
시 만나야 했다. 카와 바는 둘 다 영혼의 일부였다.

여러 종류의 영혼이 존재한다는 개념은 후기에 등장한 다
양한 영성의 개념에서도 찾아볼 수 있다. 중국인, 힌두교도, 이
누이트족Inuit, 자이나교도Jainist, 샤머니즘 신자, 티베트인은 모

두 이중 영혼이나 다중 영혼이라는 개념을 갖고 있었다. 멘델스존도 이와 비슷한 생각을 했다. 그는 모든 존재를 세 단계로 나눈다. "첫 번째 단계는 보편적 영혼이다. 이 존재는 모든 유한한 개념을 뛰어넘는 완벽함을 지닌 유일한 존재이며, 그 자신은 생각하는 존재이지만 다른 존재들은 이 존재에 대해 생각할 수 없다. 이 존재가 두 번째 단계, 즉 개인적 영혼을 이루는 정신과 영혼을 만들어냈다. 이 존재는 생각이 있고, 다른 존재들도 이 존재에 대해 생각할 수 있다. 마지막 단계는 육체의 세계이며, 다른 존재들은 이것에 대해 생각할 수 있으나 자신은 생각 자체가 없다."[11] 멘델스존에 따르면 개인적 영혼의 목적은 궁극적인 진리, 완벽, 지혜를 찾는 것이다. 우리가 완벽함을 보편적 영혼과 연관 짓는다면, 개인적 영혼은 카와 바가 합일하려 노력하는 것처럼, 보편적 영혼과의 합일을 위해 노력하는 것이다.

거의 모든 문화에서 영혼은 인간과 바위를 구별해 주는 일종의 생명력과 관련되어 있다. 다시 말해 영혼은 살아 있는 것만의 독특한 특징이다. '영혼'으로 번역되는 경우가 많은 그리스어 '프시케psyche'와 라틴어 '아니무스animus'는 모두 생명을 지칭한다.

영혼은 항상 비물질적이며, 항상 그런 것은 아니지만 보통 눈에 보이지 않고, 일반적으로 영원하며, 대체로 완벽하다. 이와는 대조적으로 육체는 결함이 있고, 일시적이며, 부패할 수 있다. 멘델스존은 다시 이렇게 말한다. "우리가 육체를 짊어지고 땅 위를 터벅터벅 걸어가는 한, 우리의 영혼이 속세의 고통에 저당 잡혀 있는 한, 우리는 지혜를 향한 소망이 이루어지는 것을 보며 우쭐해질 수 없을 것이다."[12] 영혼은 거의 항상 육체와 대비되는 모습으로 정의된다. 물론 개인적인 불멸, 부활, 환생에 대한 개념은 모두 육체 밖에서 존재할 수 있는 영혼을 분명히 필요로 한다.

대부분의 신학 개념에서 영혼은 명확한 공간을 차지하지 않는다. 그 주변을 물질로 된 상자로 덮어 상자 안에 있는 것은 영혼이고, 그 바깥에 있는 것은 영혼이 아니라고 말할 수는 없다. (그러나 중국 철학에서는 영혼의 한 형태가 일시적으로 간에 머무른다고 주장하며, 데카르트 철학에서도 영혼이 뇌의 솔방울샘 pineal gland에 잠시 머물러 산다고 말한다.[13]) 비물질적 영혼에 대해 흔히 언급되는 또 다른 특징은 영혼을 나눌 수 없다는 것이다. 멘델스존의 주장처럼 영혼은 항상 하나의 전체로서 존재한다.

영혼은 일종의 에너지처럼 보인다. 그러나 영혼을 에너지라 상상해도, 현대의 과학자들이 이해하는 것처럼 물질적인 의미의 에너지는 아니다. 물리학에서 등장하는 다양한 형태의 에너지(운동에너지, 중력에너지, 전자기에너지)는 물질 입자에 의해 생성된다. 물리학에 따르면 모든 형태의 에너지는 공간을 차지하고 있으며, 주어진 공간에서의 에너지 양은 측정을 통해 수량화할 수 있다. 더군다나 에너지는 아인슈타인의 유명한 공식인 'E=mc²'을 통해 정확히 수량화할 수 있는 구체적인 양의 물질로 변환될 수 있다. 따라서 물리학자가 말하는 에너지는 물질세계의 일부다. 하지만 영혼은 그렇지 않다.

'혼魂'을 나타내는 한자어

중국 철학에서 살아 있는 존재는 모두 두 가지 영혼을 가지고 있다. 하나는 죽은 후 육체를 떠나는 혼魂이고 다른 하나는 죽은 뒤에도 육체에 남아 있는 백魄이다. 혼은 간에 살고 있는 유정幽精, 태광胎光, 상령爽靈이라는 삼혼三魂의 형태를 취한다. 죽음에 이르면 혼은 '신god' 또는 '혼령spirit'을 의미하는 단어인 '신神'이 되고, 이것은 천국과 관련이 있다. 혼을 중국 사상의 근본 개념으로 생각할 수도 있다.

바로 음양陰陽 이원론이다. 혼, 즉 본질/혼령/영혼은 양적인 것이고, 이는 음적인 육체 및 땅과 대비된다. 중국인들 사이에서도 영혼이 불멸인지를 두고 논란이 있지만 영혼이 물질이 아니라는 점은 거의 분명하다.

두 가지 서로 다른 종류의 영혼이 존재한다는 개념은 힌두교에서도 나타난다. 먼저 순수하고, 불변하며, 보이지 않고,

무한한 보편적 영혼이 존재한다. 이 보편적 영혼이 특정 육체에 들어가면 개인의 영혼이 되며, 이것을 아트만atman(혹은 '자아')라고 부른다. 고대 힌두교 경전 스리마드 바가바탐Srimad-Bhagavatam에서는 이렇게 말하고 있다. "영혼(보편적 영혼)은 살아 있는 존재로서 영원하고 무궁무진하기 때문에 죽음을 모른다. … 하지만 그는 물질적 에너지에 의해 만들어지는 '미세한 육체'•와 '거친 육체'••를 받아들여야 하기 때문에 이른바 물질적 행복과 고통을 겪어야 한다."[14]

두 종류의 영혼이 있다는 믿음은 서로 다른 두 욕망을 키우는 것처럼 보인다. 개인적 불멸을 향한 욕망과 우리가 속한 영원한 영적 세계에 대한 욕망이다. 대부분의 사람은 개개인의 자아가 겨우 한 세기 정도가 아니라 그보다 훨씬 더 오래 지속되기를 바란다. 존재와 생명은 물질적 육체가 해체되면서 같이 소멸하기에는 너무 장엄한 경험으로 보인다. 그와 동시에 우리는 시간을 초월한 어떤 지성이나 영역이 우리가 살고 있는 이 낯선 우주에 목적을 부여하여 개개인을 포용한다는 믿음에서 위안을 찾는다.

불교도들은 개인의 정체성을 유지하는 개인적 영혼이 존

• 비물질적인 부분으로 육안으로 보이지 않는 마음, 감정, 자아 등의 정신적 차원.
•• 일반적으로 인식하는 물질적인 몸.

재한다고 믿지 않지만, 다른 종교 전통에서 말하는 보편적 영혼에 비유할 수 있는 불멸의 비물질적 의식을 믿는다. 14번째 달라이 라마인 현재의 달라이 라마는 이 불멸의 의식을 '내면 공간inner space'[15]이라고 부른다. 최근에 촬영된 영상 「무한한 잠재력Infinite Potential」에서 달라이 라마는 이 내면 공간을 가장 깊고, 미묘한 수준의 의식, 즉 살아 있는 어떤 개인보다도 거대한 일종의 우주 의식cosmic consciousness이라고 묘사한다. 새로 태어난 아이는 이 우주 의식의 한 조각을 물려받는다. 이것은 시작도 끝도 없다. 이 우주 의식, 즉 내면 공간은 그것이 없었다면 영원하지 않았을 우주에서 유일하게 영원한 것이다. 사실 이 우주 의식은 우리가 살고 있는 이 우주보다 먼저 존재했다. 우주는 무한한 주기를 돌며 끝없이 찾아오고 사라지지만, 우주 의식은 계속 이어진다.

카든, 신이든, 아트만이든, 불교의 내면 공간이든 영혼이나 우주 의식을 믿으려면 우주에 대한 개념을 확장할 필요가 있다. 원자와 분자, 탁자와 의자의 세계 너머에 혼령, 귀신, 천국과 지옥, 사후 세계를 포함하는 영적 세계가 존재한다고 상상해야만 한다. 다음 장에서는 생기론vitalism에 대해 얘기할 것이다. 생기론이란 살아 있는 존재에게는 무생물에게 없는 비물질적인 본질이 존재하며, 이것은 물리, 화학, 생물학의 법칙을 따르지 않는다는 개념이다. 이 생기론의 영혼 또한 영적 세계의 일부가 될 것이다.

영적 세계는 비물질적이다. 세계는 오직 물질로만 이루어져 있다는 나의 유물론 정의에 따르면, 영적 세계의 구성 요소를 단 하나라도 믿는다면 그것은 비유물론에 해당한다. 오늘날 전 세계 대다수의 사람은 이 영적 세계의 다양한 측면을 믿는다. 예를 들어 퓨 리서치 센터Pew Research Center에 따르면 미국인의 72퍼센트는 천국을 믿는다. 여기서 천국은 착하게 살아온 사람이 육체와 분리된 존재가 되어 영원한 보상을 받는다고 여겨지는 장소를 말한다. 그리고 58퍼센트는 지옥의 존재를 믿는다.[16] 유고브YouGov에서 약 1300명에 이르는 성인을 대상으로 실시한 조사에 따르면 미국인의 45퍼센트가 귀신의 존재를 믿는다.[17] 그리고 전 세계 12억 명의 힌두교인은 기본적으로 모두 불멸의 영혼과 일종의 환생을 믿는다. 그리고 전 세계에 있는 18억 명의 무슬림이 사실상 모두 사후 세계를 믿는다.

자연은 법칙을 따른다

나는 이런 것들을 믿어본 적이 없다. 정확한 이유는 나도 모르겠다. 다만 내가 어린 시절부터 세상을 과학적 관점으로 바라봤다는 것은 알고 있다. 특별히 어떤 책을 보고 얻은 관점이 아니라 직접 한 실험을 통해 얻은 관점이었다. 나는 내 침실에 붙어 있는 커다란 벽장에 실험실을 만들고 그곳을 아름다운 유리그릇과 화학물질, 전선 코일로 가득 채웠다. 그리고 그곳에서 무언가를 만들고, 또 무언가를 측정했다. 한번은 어떤 책에서 진자가 한 번 흔들리는 데 걸리는 시간이 줄 길이의 제곱근에 비례한다는 걸 읽고(예를 들어, 24인치 길이의 진자는 6인치 진자보다 한 번 흔들리는 데 두 배의 시간이 걸린다), 낚싯줄 끝에 낚시용 추를 달아 진자를 만들었다. 나는 다양한 길이의 진자를 여러 개 만들어서 스톱워치와 자로 이 놀라운 법칙을 직접 검증해 보았다. 그리고 이 법칙은 언제나 유효했다. 내가 아는 한 자연은 수치와 규칙에 따라 정확히 움직였다.

열두 살 때는 「프랑켄슈타인」이라는 영화에서 거대한 전기 스파크가 튀는 것을 보고 직접 유도 코일을 만들어보기로 했다. 유도 코일을 만들기 위해서는 금속 막대에 1.6킬로미터 길이의 얇은 전선을 감아야 했다. 그리고 막대 주위에 감아놓은 더 두꺼운 전선이 막대를 자석으로 만드는 역할을 했다. 그 전선을 관통하는 전기(간단히 6볼트 배터리로 만든다)를 빠르게 켰다, 껐다 하면 막대의 자기장이 진동을 했다. 이것이 다시 얇은 전선에 커다란 전류를 만들어내고, 이 전류가 전기 스파크를 일으켰다. 진동하는 자기장은 당연히 눈에 보이지 않았지만 눈으로 확연히 보이는 효과를 만들어냈다. 이 유도 코일 실험에서 나는 보이지 않는 에너지도 측정이 가능하며 특정한 법칙을 따른다는 사실을 배웠다. 나는 측정할 수도, 관리할 수도 없는 일종의 신비로운 실체가 존재한다고 믿어야 할 이유를 아무것도 찾지 못했다.

내가 물질세계에 더욱 마음을 두게 된 건 또 하나의 중요한 경험 때문이었다. 어느 여름 바닷가 별장에 할머니, 할아버지를 뵈러 갔을 때였다. 밤마다 나는 부두 끝으로 걸어가 물속에 돌을 던지며 놀았다. 그러던 어느 날 밤, 막대기로 바닷물을 휘저어 보고 싶은 충동을 느꼈다. 물을 휘젓자 놀랍게도 바닷물이 반짝이며 빛을 냈다. 나는 다시 물을 휘저어 보았다. 역시나 물이 반짝거렸다. 처음 보는 일이라 정말 마법처럼 느껴졌다. 나는 이 '초자연적인' 바닷물을 병에 담아 집으로 가져왔다. 그리고 할머니, 할아버지에게 내가 발견한 이 마법을 보여주었다. 나는 유리병에 담긴 물을 더 자세히 들여다보았다. 그러자 그 안에서 헤엄치는 작은 벌레들이 보였다. 바로 이것들이 빛의 원천이었다! 마법이 아니라 작은 벌레들이 벌인 일이었던 것이다. 이들은 물질적인 존재였다. 나중에 나는 특정 동물과 식물이 자극을 받으면 빛을 내는 특수한 분자를 갖고 있음을 알게 됐다. 이것을 생체 발광bioluminescence이라고 한다. 나는 이에 실망하기는커녕 작은 벌레들이 이런 놀라운 일을 할 수 있음을 알게 되어 더욱 기뻤다.

어렸을 때 나는 세상에 대한 과학적인 관점을 발전시키면서도, 모든 것이 정량적 분석의 대상이 될 수는 없다는 점을 함께 이해했다. 지금이었으면 영적이라 불렀을 특별한 경험을 했던 것이 기억난다. 물론 당시에는 그런 어휘를 사용하지 않았지만 말이다. 이것은 특히나 놀라운 경험이었다. 내가 아홉 살이었던 해, 일요일 오후였다. 나는 테네시주 멤피스에 있는 우리 집 침실에서 혼자 창밖의 텅 빈 거리를 내다보며 멀리 지나가는 희미한 기차 소리에 귀를 기울이고 있었다. 그런데 갑자기 내가 내 몸 밖에서 나 자신을 바라보고 있는 듯한 기분이 들었다. 짧은 순간 나는 내 삶, 그리고 지구 전체의 삶이 내가 존재하기 전의 무한한 시간과 그 이후의 무한한 시간 사이에 난 거대한 틈새로 잠깐 반짝이며 스쳐 지나가는 듯한 느낌을 받았다. 순간적으로 느낀 이 감각 속에는 무한한 공간이 포함되어 있었다. 몸과 정신에서 자유로워진 나는 태양계, 심지어 은하계 너머로 끝없이 펼쳐진 거대한 공간에 떠 있었다. 그 속에서 나는 아주 작고 보잘것없는 작은 점처럼 느껴졌다. 나에 대해서든, 다른 어떤 살아 있는 존재에 대해서든, 자기 안에 존재하는 작은 점들에 대해서는 아무 관심도 없는 거대한 우주에 하나의 점으로 존재하는 기분이었다. 우주는 그저 존재할 뿐이었다. 어린 시절에 경험했던 모든 것, 기쁨과 슬픔, 그리고 이후 경험하게 될 모든 것이 이 거대한 우주 앞에서는 아무런 의미도 없는 것처럼 느껴졌다. 그것은 해방감과 두려움을 동시에 주는 깨달음이었다. 그러고 나서 그 순간은 끝났고 나는 다시 내 몸으로 돌아왔다.

아홉 살에 내가 경험한 것은 대체 무엇이었을까? 우주가 나를 눈곱만큼도 신경 쓰지 않는다는 암울한 느낌에도 불구하고 나는 내가 나 자신보다 훨씬 거대한 무언가와 연결되어 있다는 느낌을 받았다. 아마도 많은 사람이 이런 경험 때문에 보편적 영혼이나 보편적 의식 같은 것을 믿게 됐을 것이다.

믿을 것인가 믿지 않을 것인가

멘델스존은 아마도 이집트, 중국, 인도의 영혼 개념을 알고 있었겠지만 자신의 직계 선조라 할 수 있는 서양 철학에 더 많은 영향을 받았다. 가장 큰 영감을 준 사람은 플라톤이었다. 기원전 360년경 『파이돈』에 나온 한 구절을 보면, 소크라테스는 평소대로 문답법을 이용해서 자신의 제자 중 한 명에게 이렇게 설명한다. "보이는 것은 변화하는 것이고, 보이지 않는 것은 변화하지 않는 것입니까?"[18] (플라톤의 대화편에서 보통 그렇듯이 소크라테스는 자신이 이미 답을 알고 있는 질문을 던짐으로써 자신의 관점을 교묘하게 상대방에게 전달한다.) 이어서 소크라테스는 영혼은 살아 있는 존재의 변화하지 않고, 보이지 않는 부분이라고 말한다. "영혼은 육체에 의해 변화하는 것의 영역으로 끌려 나오기는 했지만 … 자기 본연의 모습으로 돌아갈 때는 순수, 영원, 불멸, 불변의 또 다른 세계로 넘어갑니다."

플라톤은 그 보이지 않고 변하지 않는 대상이 영혼과 동일한 것이라 보았다. 그가 문자 그대로 보이지 않는 대상을 상상할 수 있었다는 사실이 내게는 놀랍게 느껴진다. 아리스토텔레스가 우주를 구성하는 다섯 가지 원소라 말한 흙, 공기, 물, 불, 에테르는 모두 눈에 보이는 것이었다. 심지어 공기도 눈에 보였다. 추운 겨울날에 보이는 사람의 숨결, 혹은 이른 아침 연못에서 피어오르는 물안개가 바로 공기의 모습이었다. 모두 눈에 보이는 것이었다. 그런데 그 옛날에 어떻게 눈에 보이지 않는 대상을 상상할 수 있었을까? 어떻게 보이지도 않는 것을 상상할 수 있단 말인가? (물론 닫힌 서랍 속의 책처럼 지금 당장 보이지 않는 대상을 상상할 수는 있다. 하지만 이것은 아예 보이지 않는 것과는 다른 문제다.) 19세기 이후로 세상에 보이지 않는 것이 많다는 사실이 알려졌다. 예를 들어 전자기 스펙트럼의 경우 사람의 눈에 보이는 부분은 아주 좁은 구간에 불과하다. 감마선, X선, 자외선, 적외선, 전파 등은 보이지 않는다. 내가 어린 시절에 다루었던 유도 코일의 자기장도 눈에 보이지 않았다.

그럼 어째서 소크라테스는 보이지 않는 것은 변하지 않는다고 가정했고, 그의 제자들은 그 말에 반박하지 않았을까? 대체 무슨 근거로? X선, 전파 등 오늘날 우리가 알고 있으나 보이지 않는 것들은 모두 변화한다. 이런 것들은 한 장소에서 다른 장소로 이동한다. 그리고 만들어지고, 파괴될 수도 있다. 물론 이것은 2000년간의 과학적 발견을 통해 알 만큼 알게 된 상태에서 하는 얘기다. 하지만 소크라테스가 세운 가정은 자신의 제자들이 충분히 의문을 제기할 만한 것이었다. (어쩌면 그들이 소크라테스의 문답법을 역으로 사용했을 수도 있다.)

비가시성invisibility에 더해 불가분성indivisibility 역시 영혼의 결정적인 속성 중 하나이며, 이것은 영혼이 공간을 차지하지 않는다는 것과 밀접한 관련이 있다. 이와 대조적으로 물질은 어떤 것이든 부분으로 나눌 수 있으며 공간에서 국소적 위치를 차지한다. 플라톤으로부터 8세기가 지난 후에 성 아우구스티누스는 『서한집』에서 영혼은 "자신보다 더 큰 부분을 가지고 더 큰 장소를 차지하거나, 자기보다 더 작은 부분을 가지고 더 작은 장소를 차지하는 존재가 될 수 없다"[19]라고 적었다. 이 글을 통해 아우구스티누스는 영혼이 물리적 공간을 차지하지 않을 뿐만 아니라 부분으로 이루어져 있다고 생각할 수 없음을 말하고 있다. 부분으로 구성된 대상은 나눌 수 있지만 이 사상가들이 생각하는 영혼은 하나의 전체로서 불가분의 존재였다. 더 나아가 아우구스티누스는 영혼이 육체와 독립적으로 존재한다는 플라톤의 의견에 동의했다. "내가 보기에 영혼은 … 이성을 부여받은 특별한 실체로, 육체를 지배할 수 있게 적응되어 있는 것 같다."[20]

불가분성은 우리가 근본적이고 완벽한 대상과 연관 짓는 특성 중 하나다. 완벽성에는 완전함이라는 개념이 포함되어 있다. 음이 하나만 사라져도 망가지고 마는 교향곡처럼 말이다. 역설적이게도 우리 인간은 완벽을 한 번도 본 적이 없음에도 완벽을 갈망해 왔다. 뒤에서 이야기하겠지만 고대 그리스인은 세상이 원자atom라는 보이지 않는 작은 것들로 이루어져 있다고 상상했다. 하지만 그리스인이 말하는 원자는 물질이었다. 영혼과 달리 원자는 물리적 공간을 차지한다. 오늘날 우리는 원자를 양성자와 중성자라는 훨씬 더 작은 조각으로 나눌 수 있다는 사실을 알고 있다. 그리고 양성자와 중성자 자체도 쿼크quark라는 훨씬 더 작은 대상으로 구성되어 있다. 사실 현대 물리학의 목표 중 하나는 거대한 입자 가속기를 사용해서 더 이상 나눌 수 없는 가장 근본적이고 원초적인 입자, 말하자면 물질의 최소 단위를 찾는 것이다. 나는 더 이상 나눌 수 없는 물질을 찾으려는 이런 연구가 인간 심리와 관련이 있다고 생각한다. 이것은 우리가 살고 있는 세상을 더욱 잘 이해하고 예측하기 위한 노력이기도 하지만, 저 너머의 완벽한 세상에 대한 깊은 갈망을 충족시키기 위한 노력이기도 하다.

아우구스티누스 이후로 다시 8세기를 건너뛰면 역대 기독교 사상가 중 가장 큰 영향을 미친 성 토마스 아퀴나스Saint Thomas Aquinas와 만나게 된다. 성 토마스는 아리스토텔레스의 작품을 라틴어로 번역하고, 그의 철학을 기독교 교리와 조화시키려고 노력하는 과정에서 아리스토텔레스를 재발견하는 데 중요한 역할을 했다. 하지만 이 조화에는 한계가 있었다. 아리스토텔레스는 우주에 시작이 없다고 주장했다. 이는 기독교에서 말하는 창세기 창조론과 극명한 대조를 이루었다.

영혼에 대해 논의하면서 아퀴나스는 대부분의 철학자와 신학자가 그랬던 것처럼 제일 먼저 영혼을 생명과 연관시켰다. "영혼은 우리가 살아 있다고 판단하는 존재의 첫 번째 생명의 원리로 정의된다. 우리는 살아 있는 것을 '생물animate'이라 부르고 생명이 없는 것을 '무생물inanimate'라고 부르기 때문이다."[21] 아퀴나스는 이어서 영혼은 물질일 수 없다고 주장한다. 생명의 원리가 물체에 내재된 것이라면 모든 물체가 살아 있었을 것이기 때문이다. 바위 같은 물체는 분명히 살아 있지 않기 때문에 생명의 원리가 물체에 내재되어 있다는 가정이 틀렸음을 말해준다. 따라서 영혼은 물질적인 실체에 내재되어 있지 않으며, 육체가 없는 대상, 즉 비물질적인 대상이어야 한다.

내가 이 논증을 제대로 이해한 것이 맞다면, 여기에는 논리적 오류가 있다. 어째서 '생명의 첫 번째 원리'가 어떤 물질적 실체에는 깃들 수 있는데, 다른 물질적 실체에는 깃들 수 없단 말인가? 어떤 잎은 둥글다. 하지만 이 명제가 뾰족한 대상은 잎이 될 수 없다는 의미는 아니다. 실제로 뾰족한 잎도 있다. 나는 영혼이 비물질이라는 성 토마스의 이성적 논증을 또 다른 이성적 논증으로 반박하려는 중이다. 한편 나는 영혼이 존재한다고 주장하는 모든 이성적 논증은 불확실할 수밖에 없다고 생각한다. 이것은 결국 믿느냐, 믿지 않느냐의 문제다.

대부분의 기독교 사상가와 마찬가지로 성 토마스도 영혼이 불멸이라고 믿었다. "지성과 의지 같은 일부 힘은 그것을 발휘하는 주체인 영혼에만 속한다. 이런 힘은 육체가 파괴된 이후에도 영혼에 반드시 남아 있어야 한다."[22] 현대 과학자들에게 아마도 불멸은 가장 받아들이기 어려운 개념일 것이다. 우리가 알고 있는 우주에서 불멸의 존재는 없다. 심지어 항성도 핵연료를 다 쓰고 나면 결국은 우주를 떠다니는 잔불 덩어리로 변한다.

생각하는 '나'와 물질적인 뇌

나는 자아, 에고, 자기 인식 같은 감각을 부여해 주는 것이 무엇일지 종종 궁금해진다. 이런 감각은 어디에서 오는 것일까? 한낱 원자와 분자로부터 어떻게 이런 독특한 감각이 생겨날 수 있을까? 한낱 원자와 분자로부터 어떻게 생각과 감정이 생겨날 수 있을까? 이런 질문에 대한 답이 무엇이든 우리가 생각을 한다는 것은 부정할 수 없는 사실이다. 그리고 철학자 르네 데카르트René Descartes는 이런 사실을 바탕으로 세상을 구축했다. "Cogito, ergo sum." 즉 "나는 생각한다. 고로 나는 존재한다." 나는 이것이 지금까지 철학자의 입에서 나온 말 중 가장 강력하고 설득력 있는 진술이라고 생각한다.

데카르트의 주장 중에서 더 논란이 되는 것은 생각을 하는 대상, 즉 정신은 물질적 실체와 본질적으로 완전히 다르다는 주장이다. 이것을 이른바 심신 이원론mind-body duality이라고 한다. 데카르트에게 정신은 비물질이다. 데카르트는 자신의 저서 『방법서설 』에서 정신은 비물질적일 뿐만 아니라 육체와 독립해서 존재할 수 있다고 말했다. 데카르트의 주장은 본질적으로 육체가 없는 세계는 상상할 수 있지만, 생각이 없는 세계는 상상할 수 없다는 것이다. "이로부터 나는 내가 생각하는 본질 또는 본성을 지닌 실체이며, 존재하기 위해 어떤 장소도 필요로 하지 않고, 어떤 물질적 대상에 의존할 필요도 없다는 것을 알았다. 따라서 '나'라는 존재, 즉 나를 나이게 하는 이 영혼은 육체와 완전히 구별된다."[23] 데카르트가 말하는 '영혼'은 특정 인간의 비물질적이고 고유한 본질을 의미하며, 그 기능 중 하나가 바로 생각하는 것이다. 지금까지 살펴본 철학자나 신학자와 다르게 데카르트는 영혼이 아니라 정신을 출발점으로 삼았다. 하지만 그에게 이 둘은 서로 연관되어 있는 것이고, 양쪽 모두 비물질적이다. 데카르트는 비물질적 실체를 상정하기 전에 자기가 확실하게 알고 있는 사실, 즉 자신이 생각하는 존재라는 사실에서부터 시작했다.

비물질적인 정신/영혼과 물질적인 육체를 구분해야 한다는 데카르트의 주장에 대한 나의 반론은 성 토마스의 주장에 대한 반론과 비슷하다. 즉 데카르트가 육체가 존재하지 않는 세상을 상상할 수 있다고 해서 그의 생각하는 정신이 그 세상에 살고 있다는 의미는 아니다. 그리고 그는 자신의 생각이 어떤 물질적인 것에도 의존하지 않는다는 사실을 증명해 보이지 않았다. 철학자 레베카 골드스타인Rebecca Goldstein은 데카르트의 주장에서 좀 더 미묘한 부분을 지적해 주었다. 데카르트는 생각이 자기 본질의 일부라는 것을 물리적 세계를 전혀 경험하지 않아도 이해할 수 있으며, 이런 지식은 그가 물리적 육체를 갖고 있음을 이해하기 한참 전에 생겨났다고 주장했다. 이 주장의 문제점은 물리적으로 경험해 보기 전에는 그 본질적 속성(본질)을 알 수 없는 대상이 존재한다는 것이다. 예를 들어 물의 본질적 속성은 수소와 산소라는 원자로 이루어져 있지만 물리적 세계를 경험하지 않고는 이런 사실을 상상할 수 없다. '물'이라고 부르는 것을 상상할 수는 있겠지만, 그 상상 속의 대상이 수소와 산소 원자로 이루어지지 않았다면 그것은 물이 아닐 것이다.

3장에서 논의하겠지만 현대 신경과학은 생각하는 자아가 물질적인 뇌와 신경계에 뿌리를 두고 있다는 훌륭한 증거를 확보하고 있다. 이것은 데카르트가 미처 알 수 없었던 생각의 물질적 토대이며, 물리적 세계에 대한 경험을 필요로 하는 생각의 본질적인 속성이다. 다시 말해 현대 과학의 관점에서 볼 때, 뉴런과 신경계는 원자라는 단일한 실체로만 존재하지만 뉴런은 의식, 자기 인식, 상상, 지능 같은 놀라운 현상을 만들어낼수 있다. 나는 정신의 물질성을 굳건히 믿지만 솔직히 고백하자면 여전히 의식의 본질이라는 주제가 혼란스럽다.

그 이전의 다른 철학자들과 마찬가지로 데카르트는 영혼의 두드러진 특징이 나눌 수 없다는 것이라고 말한다. "육체의 일부가 잘려 나가도 영혼이 작아지지 않는 것을 보면 절반의 영혼 혹은 1/3의 영혼 같은 것은 어떤 식으로도 상상할 수 없으며, 영혼이 공간을 차지한다는 것도 상상할 수 없다."[24] 하지만 데카르트는 영혼이 육체에 생명을 부여한다고 주장한 대부분의 이전 철학자들과 견해가 달랐다. 데카르트 철학에서 육체는 열과 운동이 소모되면 못 쓰게 되는(죽는) 기계적인 존재인 반면, 비물질적인 영혼은 생각과 밀접하게 관련되어, 육체와 완전히 분리된 존재였다.

현대의 생물학적 이해는 데카르트의 이원론을 지지하지 않는다. 우리는 여전히 의식의 물리적 토대를 이해하지 못하고 있지만, 적어도 모든 생각이 물리적인 신경계 안에서 일어나는 것이라 믿는다(3장 참고). 따라서 오늘날 생물학에서는 정신과 뇌를 동일한 것으로 본다. 하지만 저명한 생물학자 존 에클스John Eccles는 1950년대 말까지도 정신과 뇌를 데카르트식으로 분리해야 한다고 주장했다. 에클스는 1951년에 발표한 유명한 논문 「뇌-정신 문제와 관련된 가설들Hypotheses Relating to the Brain-Mind Problem」[25]에서 경험, 기억, 생각은 "물질-에너지 체계에 동화될 수 없다"라고 주장했다. 20세기에 접어들고 한참이 지난 후에도 선도적인 생물학자가 계속 의식과 사고의 비물질적 토대를 믿으면서, 의식이라는 독특한 감각과 1인칭 경험의 신비를 강조했다는 점이 내게는 대단히 흥미롭게 느껴진다.

마지막으로 멘델스존보다 앞서 활동했던 사람들에 대해 파악하는 과정에서 고트프리트 빌헬름 폰 라이프니츠Gottfried Wilhelm von Leibniz와 만나게 됐다. 그는 선도적인 철학자일 뿐만 아니라 대단히 뛰어난 과학자이자 수학자였으며, 미적분학의 발명을 뉴턴보다 앞서 발표하기도 했다. 뉴턴이 먼저 발견한 것은 사실이지만 말이다. 멘델스존의 전기 작가 중 한 명에 따르면 멘델스존은 라이프니츠를 가장 위대한 철학자로 꼽았다고 한다. 『파이돈』의 저자 멘델스존은 우리의 세상이야말로 "가능한 모든 세상 중에 최고의 세상"[26]이라는 라이프니츠의 낙관적인 견해를 우러러보았다.

그는 또한 라이프니츠가 과학과 수학에 뿌리를 두고 있다는 점을 높이 평가했다. 과학과 수학은 라이프니츠와 멘델스존이 비슷하게 사고할 수 있는 분석의 틀을 제공해 주었다.

라이프니츠는 비물질적인 것에 대한 자신만의 견해를 가지고 있었다. 그는 이것을 '모나드monad'라고 불렀다. 그의 철학에서 모나드는 세상을 이루는 나눌 수 없는 원소였다. 이들은 그 수가 무한히 많지만 각각의 모나드는 모두 고유하고, 서로 독립적으로 작용했다. 이들은 형태도 없고, 길이도, 너비도, 폭도 없었다. 그래서 공간을 차지하지 않았으며, 아주 단순했다. 이것들은 어떤 물질로도 구성되어 있지 않았지만, 모든 물질적 대상은 모나드로 구성되어 있었다. 라이프니츠는 자신의 모나드를 "자연의 진정한 원자"[27]라고 불렀다. 하지만 고대 로마인과 그리스인이 말했던 원자는 물질

라이프니츠의 초상화

적이고 공간을 차지하는 것이었다. 라이프니츠의 모나드는 이 원자와는 아주 달랐다.

공자부터 아리스토텔레스, 알킨디al-Kindi에 이르기까지 모든 철학자는 근본 원소의 관점에서 세상을 이해하려고 시도했다. 라이프니츠에게 가장 단순하고, 나눌 수 없는 원소는 바로 모나드였다. 게다가 신이 "가능한 모든 세상 중에서 최고의 세상"을 창조한 것도 모나드를 통해서였다. 각각의 모나드가 모두 신에 의해 만들어졌고, 조화와 완벽을 이룰 수 있도록 개별적인 지시를 따라 프로그램되었기 때문이다. 하지만 모나드가 영혼은 아니었다. 가장 단순한 단위인 모나드는 감각이나 기억을 갖고 있지 않았다. 라이프니츠에 따르면 영혼이 존재하기 위해서는 감각과 기억이 필요했다.

오늘날 라이프니츠의 모나드는 거의 잊혀졌다. 모나드는 원자가 아니다. 물질이 아니기 때문이다. 그렇다고 수학의 추상적 원소도 아니다. 각각의 모나드가 모두 고유하기 때문이다. 라이프니츠도 모나드는 영혼이 아니라고 말했다.

그럼에도 고대인의 영혼에 대한 생각은 아직까지 굳건하게 남아 있다. 내가 알고 있는 각계각층의 사람들은 대부분 육체적인 죽음 이후에도 살아남는 비물질적인 존재를 믿는다. 교황 프란치스코Francisco는 2014년 일반 알현* 중에 한 연설에서 "천국은 장소가 아니라 영혼의 상태"[28]라고 말했다. 저명한

랍비 미카 그린스타인Micah Greenstein은 "우리는 영혼이 있는 육신이 아니라 육신을 가진 영혼입니다. 그리고 사후 세계는 신과 궁극적으로 다시 연결되는 것입니다"[29]라고 말했다. 내 아내는 영혼에 대해 얘기할 때 선택지를 열어두고 싶다고 말한다. 그리고 그는 모든 살아 있는 것을 연결해 주는 비물질적인 우주 에너지를 꽤 강하게 느낀다. 이러한 우주 에너지는 고대 이집트인의 '카', 그리고 현대 불교인의 '내면 공간'과 관련이 있는 것 같다. 이 우주 에너지는 그것을 믿는 사람들에게 내가 메인주에서 물수리들과 눈이 마주쳤을 때 경험했던 것과 비슷한 느낌을 줄 것이다.

우리는 왜 기적을 믿을까

나는 멘델스존의 『파이돈』을 다시 읽었다. 그리고 그가 진리, 지혜, 완벽성에 대해 대단히 자주 언급한 것을 보고 놀랐다. 불현듯 영혼에 대한 그의 열광적인 믿음 뒤에 불멸이나 신과의 재결합을 향한 욕망보다 진리, 지혜, 완벽성을 추구하려는 힘겨운 노력이 자리 잡고 있었던 것은 아닐까 하는 생각이

• 교황이 바티칸 순례자들과 직접 만나는 시간.

들었다. 몇 가지 예를 들어보겠다. "우리는 진리에 대한 지식이 우리의 유일한 소망이라고 확신한다. … 죽기 전에는 우리 소망의 최종 목표인 지혜에 절대로 도달하지 못하리라는 것을 분명히 알고 있다. … 친구들이여, 보이는가! 지혜를 사랑하는 자로서 절대적이고 완벽한 존재를 파악하고자 한다면 감각과 그 대상으로부터 멀리 거리를 두어야 한다는 것을!"[30] 멘델스존은 젊은 나이에도 지식과 완벽함, 철학자의 삶을 갈구했다. 멘델스존은 26세에 「정서에 관하여ber die Empfindungen」라는 수필에 이렇게 적었다. "따라서 세상의 구조에 대한 사색은 철학자에게 마르지 않는 샘 같은 즐거움의 원천으로 남는다. 이것은 그의 외로운 시간을 달콤하게 만들어주고, 그의 영혼을 숭고하기 그지없는 정서로 채워준다. … 내 안에는 완전성과 완벽성을 향한 거부할 수 없는 욕구가 자리 잡고 있다."[31]

우리 중에 철학자는 적지만 순수성, 완벽성, 지혜라는 이상을 받아들이는 사람은 많다. 멘델스존에게 비물질적 영혼은 이러한 이상을 담는 그릇일 뿐 아니라, 우리가 이 물질의 세계를 거쳐 간 후에라도 이상에 도달할 수 있게 해줄 수단이었다. 멘델스존은 신에게 깊이 헌신했다. 그는 언어의 대가였다. 아버지이자 남편이었으며 무엇보다도 세상의 작동 원리가 무엇인지, 세상의 진리가 무엇인지 배우고 싶어 했다. 과학자처럼 말이다.

많은 사람이 영혼, 그리고 영혼이 사는 영적 세계를 믿는데는 여러 가지 이유가 있다고 생각한다. 물론 그중에는 개인의 죽음을 넘어서 존재를 계속 이어가고 싶은 욕망도 있고 멘델스존처럼 완벽성과 순수성에 대한 갈망도 있을 것이다. 랍비그린스타인이 말했듯이 많은 사람은 신과 다시 연결되고 싶다는 욕망을 가지고 있다. 나는 현세의 온갖 더러움과 어려움에서 벗어난 자유로운 세상에 대해 느끼는 매력도 함께 작용한다고 생각한다. 이러한 세상을 향한 갈망은 대다수의 사람이 공통적으로 기적을 믿는 것과도 무관하지 않다. 우리는 왜 기적을 믿을까? 우리는 경외감, 경이로움, 새로움을 경험하고 싶어 한다. 기적은 두려울 수도 있지만 짜릿할 수도 있다.

거의 3세기 전에 스코틀랜드 철학자 데이비드 흄David Hume은 『기적에 관하여』에서 이런 욕구에 대해 언급했다. "기적에서 비롯되는 놀라움과 경이로움에 대한 열정은 기분 좋은 감정이기 때문에 그런 기분을 만들어낸 사건을 믿으려는 실용적인 경향이 생긴다."[32] 과학역사가 로렌 다스톤Lorraine Daston과 캐서린 파크Katharine Park는 자신의 책 『경이로움과 자연의 질서Wonders and the Order of Nature』[33]에서 인류가 경이로움과 기이함에 매료되는 모습을 기록하고 있다. 놀라운 것과 특이한 것, 그리고 기적처럼 느껴지는 것. 마르코 폴로Marco Polo는 인도의 퀼론Quilon 왕국에서 완전히 검은 사자를 발견한 일을 입에 침이

마르도록 이야기했다. 어떤 여행자들은 안에 양처럼 생긴 작은 동물이 들어 있는 박, 사람의 얼굴과 전갈의 꼬리를 가진 짐승, 유니콘, 벌레를 토하는 사람 등의 이야기를 흥미진진하게 기록해 놓았다. 영적 세계와 마찬가지로 기적의 세계 또한 현실의 제약을 받지 않는 상상의 공간이다.

사람들은 누구나 가끔씩 이 지루하고 고된 삶에서 벗어나고 싶어 한다. 멘델스존은 척추 장애인으로 태어났으며 유대인이라는 이유로 야유를 받고 괴롭힘을 당했다. 그런 그에게 영혼의 세계는 일종의 도피처를 제공해 주었다. 그곳에서 그는 자신을 따듯하게 안아주는 진리와 완벽의 품속으로 사라질 수 있었다.

나에게는 수학이 그런 세계였다. 수학은 순수와 완벽성의 세계다. 그리고 진리의 세계이기도 하다. 그곳은 깨끗하고 빳빳한 새 지폐처럼 확실한 세계다. 원의 둘레를 반지름으로 나누면 항상 소수점 아래로 숫자가 무한히 이어지는 특정한 수가 나온다. 책상에 앉아 방정식을 휘갈겨 쓰거나 수학책을 읽으며 수학의 세계를 방문할 때면 내 몸을 잊어버리곤 한다. 시간과 공간도 잊어버린다. 수와 미분방정식, 곡선, 평면, 사면체는 구름 속의 대저택이다. 이것은 견고한 실재이면서 동시에 허상이다. 당신은 몸이 사라진 채로 이 세계를 응시하며 온갖 종류의 이상하고 놀라운 것들을 본다. 그리고 이 세계가 거기

영원히 존재하고 있었던 것 같은 기분을 느낀다. 이것이 어떤 기분인지는 화성인이라도 이해할 것이다. 나는 피곤해지거나 배가 고파지지 않는 한 몇 시간이라도 그 세계에 머무를 수 있다. 그 세계는 완벽하다. 어쩌면 영혼의 세계도 이와 비슷할 것이다. 가끔은 나도 영혼을 믿고 싶어질 때가 있다. 하지만 나에게는 수학이 있다.

영혼은 물질이 아니지만 끝없이 무한한 어떤 시간과 공간의 영역에 있다. 어쩌면 시간과 공간 너머의 영역일지도 모르겠다. 우리는 결코 알 수 없을 것이다. 하지만 우리의 물리 세계에 영원한 것은 없음을 확실히 알고 있다. 모든 것은 결국 해체되어 사라진다. 도시는 무너지고, 숲은 불타서 사라진다. 인간은 쇠약해지다 결국 죽고, 그 몸을 이루고 있던 원자들은 와해되어 흙, 바다, 공기와 뒤섞인다.

한편 스탠퍼드의 저명한 물리학자 안드레이 린데Andrei Linde가 제안한 우주론도 있다. 이 이론은 우리의 우주와 다른 우주들이 우주 창조의 끝없는 연쇄 속에서 끊임없이 새로운 우주를 탄생시키며 영원히 미래로 뻗어 나간다고 예측한다. 이 이론을 '영원한 혼돈 급팽창 모형eternal chaotic inflation model'[34]이라고 한다. 일부 복잡한 수학 방정식들이 이 이론을 뒷받침하고 있고, 이미 특정 우주에서 일어나는 현상을 정확히 예측한 바 있다. 린데는 영원한 혼돈 급팽창 모형을 구근들이 가지를 뻗으며 자라나는 두꺼운 생울타리에 빗대어 설명한다. 각각의 구근은 하나의 개별 우주에 해당하며, 조상 구근, 후손 구근과 가느다란 관으로 이어져 있다. 이런 우주의 전체적인 집합체를 다중 우주multiverse라고 한다. 린데의 그림에서 각각의 구근이 하나의 우주 전체에 해당한다는 사실을 깨닫고 나면 깜짝 놀라게 된다. 어떤 우주는 항성과 행성, 도시, 나무, 개미나 개미와 비슷한 생명체, 노을 등을 포함하고 있을 것이다. 어떤 우주는 아무런 생명체도 없이 순수한 에너지로만 존재할 것이다. 아마도 린데의 이론이 진리인지는 영원히 알 수 없을 것이다. 하지만 이 이론은 우리 우주가 시간이나 공간 속에 존재하는 유일한 세계가 아닐지도 모른다는 가능성을 제시한다.

그리고 이제 완전히 과학자의 입장에서 생각해 보자. 우리가 개인의 삶과 우리의 우주를 넘어 진정한 우주적 관점에서 세상을 바라볼 때, 비물질적 영혼의 매력적 특성 중 하나인 불멸을 상상해 볼 수 있다. 개개의 우주는 개개의 생명처럼 세상에 왔다가 사라질 수 있다. 하지만 모든 우주로 이루어진 집합체는 서로에게 가지를 뻗어 나가며 영원히 이어질 수 있을 것이다.

2장

물질로 이루어진
육체와 영혼

세상에서 가장 작은 단위, 원자로 이루어진 세계

The Transcendent Brain

"원자는 영원하지만,

원자로 만들어진 물체는 그렇지 않다."

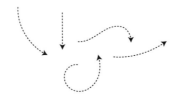

고대 그리스와 로마에서는 죽음이 동네 이웃처럼 익숙한 것이었다. 여성 한 명이 열 명의 자녀를 낳으면 불과 세 명만 열 살까지 살아남았다. 유년기에 무사히 살아남은 사람도 기대 수명이 40대 중반을 넘기지 못했다. 어느 집의 옥상을 묘사하는 폼페이의 바닥 모자이크[1]를 보면, 지붕 아래로 바퀴, 난롯불을 뒤적이는 데 쓰는 쇠막대, 곡물 자루처럼 가정생활을 상징하는 물품들이 놓여 있다. 그리고 그 한가운데 커다란 해골이 놓여 있다. 메멘토 모리memento mori, 죽음을 끊임없이 상기시키는 물체다.

세균에 대한 이해가 없던 그 시절 사람들은 자신을 죽이

려는 존재가 무엇인지 거의 알지 못했다. 그들은 말라리아에 '로마열Roman fever'이라는 이름을 붙였다. 또 다른 사망 원인이었던 이질dysentery의 영단어는 말 그대로 '나쁜 장bad intestines'을 의미했다. 많은 젊은이가 장티푸스, 디프테리아, 인플루엔자 같은 정체 모를 전염병으로 죽어갔다. 다른 주요 사망 원인으로는 성병, 콜레라, 역병 등이 있었다.

투키디데스Thucydides는 기원전 430년 아테네를 강타해 인구의 3분의 1을 죽음으로 몰고 간 전염병에 대해 생생하게 묘사했다(아마 천연두나 장티푸스였을 것이다). "건강하던 사람의 머리가 갑자기 불덩어리처럼 뜨거워지면서 눈에 충혈과 염증이 생기고 ⋯ 점차 증상이 퍼지면 위가 뒤틀리면서 온갖 종류의 담즙이 쏟아져 나오고 엄청난 고통이 뒤따랐다. 대부분의 경우 구역질은 했지만 토는 나오지 않고, 위경련만 심하게 일어났다."[2]

이들이 시도한 약물과 치료법은 과학보다는 미신에 기반을 둔 것이었다. 피를 뽑는 사혈이 여러 가지 질병의 표준 치료법으로 자리 잡았다. 어떤 의사는 환자의 체액을 맛보고 진단을 내렸다. 간질은 낙타의 말린 뇌를 식초에 담가서 먹는 방법으로 치료했다. 많은 사람이 한 공간에 밀집하면 위험하다는 인식은 있었지만, 그런 경고가 무시되는 경우가 많아 감염성 질병은 더욱 확산되었다. 공동주택에 사는 사람들은 배설물을 그대로 길거리에 내다버렸다. 시장에 마련된 화장실은 그냥 땅바닥에 구멍을 파낸 것에 불과했다. 공공 화장실을 사용한 후에 뒤를 닦을 때 사람들은 막대기에 스펀지를 감아놓은 것에 불과한 자일로스폰지움xylospongium이라는 기구를 공용으로 사용했다.

하지만 변덕스러운 고통과 죽음에 대한 두려움보다 더 큰 두려움이 있었으니, 바로 죽고 난 다음에 일어날 일에 대한 두려움이었다. 고대 로마인과 그리스인은 나쁜 짓을 저지른 자들의 영혼이 저승 하데스Hades에서 영원히 고문당한다고 믿었다. 지하 세계에서 가장 어둡고 끔찍한 곳은 타르타로스Tartaros라는 곳이었다. 죽은 후에 사람의 영혼은 한때 크레타섬의 왕이었던 반신반인 라다만토스Rhadamanthos 앞에 불려 갔다. 플라톤의 대화편 중 한 이야기에 따르면, 라다만토스가 죄를 저질렀다고 판단한 사람은 "영혼에 채찍 표시가 나 있고, 각각의 행동으로 더럽혀진 위증과 범죄의 지문과 상처가 가득하며, 거짓과 기만으로 온통 삐뚤어져 있을 뿐 아니라, 진실이 없는 삶을 살았기 때문에 곧은 부분을 찾을 수 없다."[3] 최악의 죄를 저질러 유죄 판결을 받은 비참한 영혼들은 "그 죄에 대한 형벌로 가장 끔찍하고 괴롭고 두려운 고통"을 영원히 견뎌야만 했다. 베르길리우스Vergilius는 타르타로스를 "사악한 자들이 형벌을 받는 깊은 밤의 바다"[4]라고 묘사했다. 그곳은 죄를 지은 자들

장인을 살해한 죄로 영원한 형벌을 받는 익시온의 모습

이 도망가지 못하도록 세 개의 벽으로 둘러싸여 있으며, "혼령들의 신음 소리와 채찍 소리, 바닥에 끌리는 고통스러운 쇠사슬 소리"가 들려오는 곳이라고 표현했다.

서기 2세기에 만들어진 터키 남부의 대리석 조각에는 테살리아Thessalia• 라피스Lapiths의 왕이었던 익시온Ixion이 석탄 구덩이로 장인을 밀어 넣어 살해한 죄로 영원한 형벌을 받는 모습이 묘사되어 있다. 이 장면의 무대가 타르타로스다. 익시

• 그리스 동부 지방.

온은 바퀴에 쇠사슬로 묶여 있고, 누군가가 그에게 매질을 하는 모습을 보여준다.

죽음은 아무것도 아니다

로마의 철학자이자 시인인 루크레티우스Lucretius는 이런 영원한 고문과 고통의 암울한 가능성에 의문을 제기했다. 루크레티우스는 사후 세계란 순전히 미신에 불과하며, 그런 곳은 존재하지 않는다고 말했다. 그는 육체와 영혼이 물질 원자에 불과하다고 주장하며, 이 원자를 '프리모르디아 레룸primordia rerum', 즉 '사물의 기원'이라 불렀다. 사람이 죽으면 그를 이루던 원자들은 "연기가 공중으로 흩어지듯 사라진다. 따라서 우리에게 죽음은 아무것도 아니다."[5]

루크레티우스는 고대의 가장 영향력 있는 유물론자다. 원자를 대단히 작은, 파괴할 수 없는 자연의 구성 요소로 보았던 그의 개념은 수 세기에 걸쳐 반향을 이어오다가 존 돌턴John Dalton과 알베르트 아인슈타인Albert Einstein을 통해 계승됐다.

루크레티우스는 자신의 원자 가설을 그리스 사상가 데모크리토스Democritos와 에피쿠로스Epicouros에게서 빌려왔다. 루크레티우스의 사명은 그들과 마찬가지로 죽음에 대한 공포를 덜어주는 것이었다. 그가 쓴 『사물의 본성에 관하여』라는 책 한 권 분량의 7400행짜리 시는 이전에 이 주제를 다루었던 다른 그리스인보다 더 깊고 통찰력 있을 뿐만 아니라 문학적 아름다움과 열정이 담긴 탁월한 걸작으로 평가받는다. 로마의 웅변가 키케로는 루크레티우스의 시를 가리켜 "영감을 불어넣는 걸출함과 위대한 예술성이 넘친다"[6]라고 썼다.

초기 기독교 교인들은 이 시가 영원히 존재하는 영혼과 종교 전반을 부정한다며 이 시를 폄하했다. 그 후 1000년 동안 자취를 감추면서 영원히 사라질 뻔했지만, 15세기 이탈리아 학자 포지오 브라치올리니Poggio Bracciolini[7]의 노력으로 부활할 수 있었다. 그는 독일 수도원에 마지막으로 남아있던 『사물의 본성에 관하여』를 발견하고 이 시를 다시 세상으로 끌고 나왔다. 오늘날 이 시는 라틴어로 쓰인 가장 위대한 문학작품 중 하나로 평가받는다.

『사물의 본성에 관하여』에 관해서 이루어진 많은 연구 중에서 내게 가장 의미가 있었던 부분에 대해서 설명하려고 한다. 나는 대학에서 이 시를 처음 접했다. 고등학교 시절 구어에는 영 소질이 없음을 깨달은 나는 라틴어를 피난처로 삼았다. 라틴어를 배울 때는 단 한 마디도 할 필요가 없었다. 종이 위에 sum, es, est, sumus, estis, sunt 등의 동사*를 능숙하게 조합하며 한 번에 몇 시간씩이라도 보낼 수 있었다. 내 강점과 약점을 파악한 교수님들은 나에게 독일어나 프랑스어 대신 라틴어로 대학 언어 필수과목 학점을 따라고 권했다. 내가 기억하기로 베르길리우스나 카툴루스Catullus의 작품과 달리 루크레티우스의 작품은 교과과정에 포함되어 있지 않았지만 어쨌거나 나는 그의 작품을 읽었다. 그 모습을 보며 내 룸메이트들은 황당해하면서도 재미있어했다.

내 전공은 물리학이었다. 루크레티우스가 상대성 이론에 관심이 없다는 사실은 금방 알 수 있었지만, 나는 세상에 대한 그의 과학적 설명이 더할 나위 없이 완벽하다는 점에 매료되었다. 어떤 원자는 매끄럽고, 어떤 원자는 삐죽삐죽하다. 어떤 원자는 부드럽고 어떤 원자는 단단하며, 어떤 원자는 빽빽하게 채워져 있고, 어떤 원자는 느슨하게 조립되어 그 사이사이를 '공간'이 채우고 있다. 원자의 이런 특성이 물질의 온갖 다양한 속성과 행동을 설명해 준다. 천둥은 구름이 충돌하면서 생겨난다. 번개는 "구름이 충돌하면서 수많은 불의 씨앗을 두드릴 때 만들어진다. 돌이나 쇠로 돌을 때렸을 때 불꽃이 튀는 것처럼 말이다."[8] 우주에서 일어나는 모든 자연현상은 원자라는 측면에서 설명할 수 있다.

원자는 새로 만들거나 파괴할 수 없기 때문에 우주는 무

• 영어로는 'be' 동사에 해당하는 라틴어의 활용.

한한 과거로부터 계속 존재해 왔다. 또한 우주는 외부 경계가 없는 무한한 공간이다. 루크레티우스는 용감한 지원자가 우주의 제일 끝으로 가서 밖을 향해 창을 던지는 상황을 가정하여 이런 결론에 도달했다. 과연 그 창은 단단한 벽에 부딪힐까, 아니면 계속해서 나아갈까? 루크레티우스는 어느 쪽이든 경계가 있는 유한한 우주를 상정할 경우에 문제가 생긴다고 말했다. 창이 계속 나아간다면 그 너머에 공간이 존재한다는 의미다. 창이 가로막힌다면 그 창을 막는 물질이 반드시 존재해야 하므로, 물질이 그 공간을 차지하고 있다는 의미가 된다. 따라서 이 경우에도 우주에는 끝이 없다. 아주 훌륭한 추론이었다. (2000년 후에는 아인슈타인의 우주론이 등장해서 중력이 공간의 기하학을 바꿔놓는다고 했다. 그리고 이것으로 루크레티우스의 주장은 자연스럽게 반박됐다.)

무엇보다도 나는 합법칙성에 대한 루크레티우스의 믿음에 깊은 인상을 받았다. 이런 합법칙성이 정량적인 측면까지 다루고 있는 것은 아니다. 이 시에는 숫자나 특정한 법칙이 하나도 등장하지 않는다. 하지만 자연이 신의 영역 밖에 있는 논리와 법칙을 따르고, 그 법칙을 인간이 이해할 수 있다는 개념이 담겨 있다. 그래서 나는 그의 팬이 됐다.

루크레티우스에 대해서는 알려진 바가 거의 없다. 그가 사람들 눈에 띄지 않는 조용한 삶을 살라는 에피쿠로스학파의 조언을 따른 것은 분명해 보인다. 루크레티우스의 삶에 대해 남아 있는 기록은 얼마 없다.『성 히에로니무스 연대기Chronicles of Saint Jerome』에 나오는 문장 몇 개가 그중 하나다. "시인 루크레티우스가 태어났다. 그는 사랑의 묘약에 미쳐서 정신이 나간 와중에 틈틈이 나중에 키케로가 손을 보게 될 몇 권의 책을 썼다. 그리고 44세가 되던 해에 자살했다."[9] 루크레티우스는 아마도 귀족이었을 것이다. 그의 시를 보면 그가 특권층의 생활을 비롯한 로마 생활에 익숙했음을 보여주는 흔적이 남아 있다. 그는 기원전 58년에 자신과 지위가 대등하다고 여겼던 법관 가이우스 멤미우스Gaius Memmius에게 이 시를 헌정했다.

『사물의 본성에 관하여』는 6권으로 구성되어 있다. 1, 2권에서는 원자 가설에 대해 설명한다. 데모크리토스의 뒤를 따라 그는 세상이 더 이상 나눌 수 없고, 파괴할 수도 없는 작은 입자, 즉 원자 혹은 '첫 시작first beginning'으로 이루어져 있다고 추정했다. 다양한 크기, 모양, 무게를 가

시인 루크레티우스의 흉상

진 원자들이 무한히 많기 때문에(모두 너무 작아서 볼 수 없다), 세계의 물질들은 서로 다른 성질을 띤다. 변화는 외부의 힘이 작용할 필요 없이 원자들이 스스로 재배열되는 과정에서 일어난다. 원자들은 영원하지만, 그 원자들로 만들어진 물체는 그렇지 않다.

3, 4권은 영혼과 혼령에 대해 다룬다. 영혼은 "대단히 섬세하며, 흐르는 물이나 구름, 연기보다도 훨씬 작은 입자와 원소로 이루어져 있다. … 안개와 연기가 공중에 흩어지는 것으로 보아 영혼 또한 빠른 속도로 허공에 흩어져 사라지며, 최초의 육체(원자)로 더 신속하게 해체될 것이다."[10] 여기서 중요한 점은 영혼이 육체와 마찬가지로 물질이라는 것이다.

루크레티우스는 정신과 혼령, 영혼에 모두 동일하게 '아니무스animus'나 '아니마anima' 같은 단어를 사용했다. 그는 정신이 육체와 함께 발달한다는 점을 근거로 정신/혼령/영혼의 물질성을 주장했다. 또한 어린아이는 정신이 약하다고 말했다. 정신은 아이가 나이를 먹으면서 함께 강해졌다가, 늙으면 다시 약해진다. 노년은 "시간의 막강한 힘에 의해 육체가 파괴되는 시간"[11]이다. 영혼/정신의 물질성을 주장하기 위해 정신과 육체 노화를 연관 지은 것은 특이하면서도 설득력 있는 논증이다.

5권에서는 물질 원자의 관점에서 세계의 기원과 천체의

움직임, 인간 사회의 탄생을 모두 설명한다. 마지막 6권은 천둥과 번개 같은 다양한 자연현상을 다루고 있으며, 여기서도 물질적인 측면에서 설명이 이루어진다. 그리고 이상하게도 기원전 5세기에 그리스를 강타한 역병에 대한 이야기로 갑작스럽게 끝맺는다.

루크레티우스가 세상에 대해 유물론적 개념을 펼친 주된 동기는 죽음의 두려움을 없애기 위함이었지만, 인류를 신의 변덕으로부터 해방시키고자 하는 의도도 있었다. 모든 것은 원자로 만들어졌고, 원자들은 창조되거나 파괴될 수 없기 때문에 이런 세상에서는 신의 힘이 극도로 제한될 수밖에 없다. 아무리 신이라도 사물이 갑자기 등장하거나 사라지게 만들 수는 없었다.

만약 내가 2000년 전에 태어났다면 죽음에 대한 공포와 신의 변덕스러운 행동에 대한 공포가 분명 내 마음을 가득 채우고 있었을 것이다. 이런 공포는 오늘날까지도 사람들 사이에 널리 퍼져 있다. 최근 퓨 리서치 센터의 여론조사에 따르면 미국인 중 절반 이상이 사람이 죽은 후 벌을 받는 장소라고 여겨지는 지옥을 믿고 있는 것으로 나타났다.[12] 반면 기독교, 유대교, 이슬람교 같은 일신교의 등장으로 신이 인간사에 개입하는 것에 대한 걱정은 약화됐다.

나는 데모크리토스와 루크레티우스가 비판적 사상가였

다고 생각한다. 그들은 실험을 하지는 않았지만 내가 어릴 때 진자 실험을 하며 그랬듯이 물리 세계를 법칙과 자기 일관적 타당성을 가진 영역으로 간주했다. 이들은 사회가 제기하는 믿음과 통념을 무비판적으로 받아들이지 않았다. 이들은 사물의 속성뿐만 아니라 원자 가설을 통해 사물의 원인을 설명하는 일에 관심이 있었다. 세상에 일어나는 모든 일은 원인이 있고, 그 원인은 신이 아니라 물리적 원자의 운동과 속성에서 비롯된다.

루크레티우스는 원인을 강조하고, 세상을 기계적으로 설명했다는 점에서 원인보다는 목적에 더 관심을 두었던 플라톤이나 아리스토텔레스와 뚜렷한 차이를 보인다. 아리스토텔레스도 현상이 일어나는 데 반드시 필요한 네 가지 원인aitia을 목록으로 제시했다. 바로 초기 물질, 일종의 물질, 변화를 불러일으키는 주체, 목적이다. 하지만 이 단계는 모두 최종 목적을 염두에 두고 설명되었으며, 전체적인 개념도 루크레티우스의 원자보다 훨씬 추상적이었다. 루크레티우스가 제시한 과학과 그의 추론 과정에는 틀린 점이 있지만 그 감수성만큼은 철저하게 현대적이었다. 우리는 루크레티우스를 시인이자 철학자일뿐만 아니라 한 명의 과학자였다고 생각해야 한다. 그는 기본 원리를 통해 세상의 작동 방식을 이해하고자 했다.

육체와 정신 너머의 물질세계

중국의 기상학자 겸 천문학자 왕충王充은 동양 최초의 유물론자 중 한 명이다. 왕충은 자신의 책 『논형論衡』에서 세상에 대해 대단히 합리적인 관점을 취했다. 그는 천둥이 신이 보내는 메시지가 아니라 열이라고 말했으며, 귀신을 믿는 것은 잘못된 일이라 말했다. 그리고 사후 세계의 존재를 부정하며 이렇게 적었다. "죽은 자의 영혼은 해체되기 때문에 더 이상 사람의 말을 듣지 못한다."[13]

나는 왕충의 언어("죽은 자의 영혼은 해체되기 때문에")와 루크레티우스의 언어("영혼 또한 빠른 속도로 허공에 흩어져 사라지며, 최초의 육체(원자)로 더 신속하게 해체될 것이다")가 유사한 것에 감명받았다. 물론 중국어와 라틴어로 쓰인 원래의 단어들이 똑같지는 않지만 개념은 동일하다. 루크레티우스와 왕충 모두 살아 있는 육체는 일종의 영혼 같은 것을 가지고 있지만 그 영혼은 물질적인 것이어서 죽으면 해체되어 흩어진다고 주장했다. 반면 플라톤과 아우구스티누스 등은 영혼/혼령은 불멸하는 영적인 실체이기 때문에 죽어서도 일종의 정체성을 그대로 유지한다고 주장했다.

고대 중국에는 비물질적인 귀신에 대한 믿음이 널리 퍼져 있었지만 왕충은 거기에 대해 논리적이고 재치 넘치는 반론을 제기했다.

> 천지에 질서가 잡히고 '인간 황제'의 통치가 시작된 이후
> 로 사람들은 자신의 명에 따라 세상을 떠났다. 중년이나
> 꽤 젊은 나이에 세상을 떠난 이들도 수백만 명은 될 것이
> 다. … 만약 사람이 죽은 후에 귀신이 된다고 가정하면
> 모든 길모퉁이, 모든 계단마다 귀신이 가득할 것이다. …
> 귀신들이 관청이나 궁궐 등을 가득 채우고, 길과 골목을
> 가득 메워 길을 막았을 것이다.

왕충은 저장성 북동부의 가난한 집안에서 태어났다. 돈이
없었던 그는 많은 시간을 서점에서 책을 읽으며 보냈다고 한
다. 왕충은 어린 나이부터 권위에 저항하는 인물이었던 것으
로 보인다. 다양한 사람들과 다툼을 벌인 후에 좋은 관직 자리
를 내려놓고 자진해서 귀양길에 올랐다. 그리고 그 시간 동안
철학, 정치, 도덕에 대해 다양한 소론을 집필했다. 이 내용들이
『논형』을 채우게 된다. 왕충의 사상과 작품에서 핵심을 이루
는 것은 도교와 유교를 거부하고, 국가 통치 이념과 그 이념이
지지하는 신의 권력을 거부하는 것이었다. 특히 왕충은 신이
인간을 통제하며, 우리를 대신해서 목적을 정한다는 개념에
동의하지 않았다. 이런 점에서 그의 사상은 루크레티우스의

사상과 비슷했다. 두 철학자 모두 유물론과 세상에 대한 과학적 이해가 우리를 신의 권력으로부터 해방시켜 줄 것이라고 주장했다. 어쩌면 권위에 의문을 제기하는 것이야말로 비판적 사고의 전제 조건인지도 모른다. 고대에는 분명 그랬을 것이고, 아마 오늘날에도 그렇지 않을까 싶다.

유물론의 초기 역사에서 또 하나의 논점은 시각에 관한 설명이다. 눈은 바깥세상으로부터 정보를 받아들이는 중요한 관문이다. 우리는 어떻게 앞을 보는 것일까? 고대 그리스 이후로 수 세기 동안 두 가지 시각 이론이 우세했다. 피타고라스학파의 시각 광선 이론visual ray theory과 원자론자인 데모크리토스, 에피쿠로스, 루크레티우스 등이 주장한 에이돌라 이론eidola theory이다. 플라톤과 유클리드를 비롯한 피타고라스학파는 우리가 몸에서 나오는 신성한 불을 통해 빛을 본다고 주장했다. 이들에 따르면 이 불은 비물질적인 영혼과 긴밀하게 연결되어 있다. 눈은 손전등과 비슷하게 빛을 방출해서 세상을 본다. 이 빛은 시각적 대상으로 이동해서 그들을 밝힌 다음 다시 눈으로 반사되어 돌아온다. 반면 원자론자들은 시각에 사용되는 빛이 눈 밖에서 기원하는 것이라 믿었다. 이 이론에서는 모든 대상이 섬세하지만 물질적인 자신의 이미지, 즉 에이돌라eidola를 지속적으로 방출하고 있다. 이것이 눈으로 들어와 시각을 가능하게 해준다.

빛 연구의 선구자인 이집트의 물리학자 이븐 알하이삼Ibn al-Haytham[14]은 피타고라스의 시각 이론을 확실하게 반박했다. 알하이삼에 따르면 빛은 스스로 빛을 내는 물체에 내재되어 있는 본질적 형태다. 이 아랍의 물리학자는 자체적인 실험과 수학을 통해 빛의 궤적에 관한 이론을 만들어, 외부 사물에 있는 점과 '수정 체액crystalline humor(동공 뒤에서 안구를 채우고 있는 물질)' 내부의 점 사이의 일대일 대응 관계를 확립했다.

알하이삼은 시각이 눈에서 기원하는 빛에 의해 이루어진 다는 피타고라스의 가설이 쓸모없는 이야기라고 주장했다. 그의 관찰은 합리적이었다. 사람이 눈을 뜨자마자 그 눈에서 나

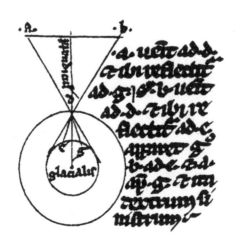

알하이삼의 시각에 대한 가설을 나타낸 그림

온 빛이 하늘 전체를 밝힐 수 있다고 생각하는 건 너무 터무니 없는 일이다.

알하이삼은 미묘한 방식으로 세상에 대한 유물론적 관점을 발전시켰다. 눈을 비롯한 육체는 그 내부에 다양한 혼령을 갖고 있을지도 모르지만 육체 너머에는 우리가 보는 빛을 만들어내는 물질세계가 존재한다. 그리고 알하이삼의 광학적 그림은 외부 물질세계의 역학을 보여준다. 그는 20세기가 될 때까지도 철학자들이 만장일치로 동의하지 않았던, 육체와 정신 너머에 물리세계가 존재한다는 개념을 강화했다. 물론 우리가 세상에 대해 직접 알 수 있는 것은 감각적 지각과 생각을 통한 것밖에 없다. 이것은 동어반복에 가깝다. 우리는 소리를 듣고, 이미지를 보고, 표면의 촉감을 느끼며, 그런 감각을 신경계에서 처리해서 바깥세상에 대해 추론한다. 하지만 버클리Berkeley 주교나 다른 철학자들이 주장하듯이 세상이 전적으로 정신에 의해 조작되었다는 것은 내가 보기에는 전혀 타당하지 않다.

만약 이런 주장이 사실이라면 우리는 바깥세상에서 발견한 것에 대해 놀랄 일이 절대 없을 것이다. 하지만 우리는 계속해서 놀라움을 경험한다. 갈릴레오 갈릴레이Galileo Galileii는 집에서 만든 망원경으로 처음 달을 보았을 때 그 위에 분화구가 있는 것을 보고 깜짝 놀랐다. 모두가 달을 하늘의 천체답게 티끌 하나 없이 완벽한 대상이라고 생각했기 때문이다. 알렉산 더 플레밍Alexander Fleming은 실험대에 올려 공기 중에 노출해 두었던 배양 접시에서 죽은 세균을 발견하고 깜짝 놀랐다. 이것이 항생제를 발견한 순간이었다. 우리는 몽유병 같은 삶을 살고 있는 것이 아니다. 우리 육체 너머에는 광선과 산맥, 다른 생명체로 이루어진 물질세계가 존재한다.

생기론과 기계론

생물학에는 세상의 유물론적 관점과 직접 관련이 있는 오래된 논쟁이 있다. 바로 생물과 무생물의 차이에 관한 논쟁이다. 이것을 생기론vitalism 대 기계론mechanism 논쟁이라고 한다. 생기론 학파에서는 살아 있지 않은 물질이 살아 있는 물질로 전환되기 위해서는 화학, 생물학, 물리학의 법칙에서 벗어난 어떤 비물질적인 실체, 혹은 생명력이 필요하다고 주장한다. 플라톤과 아리스토텔레스는 생기론자였다. 데카르트도 마찬가지다.

20세기 중반이 될 때까지도 일부 저명한 과학자들이 생기론적 관점을 공유했다. 프랑스의 의사 폴-조제프 바르테즈 Paul-Joseph Barthez[15]는 물질, 생명, 영혼 이렇게 세 가지 서로 다른 종류의 실체가 존재한다고 주장했다. 바르테즈는 물질을 지배하는 법칙을 꼭 비물질적 영혼에 적용할 수 있는 것은 아니라고 주장했다. 저명한 스웨덴의 화학자 옌스 야코브 베르셀리우스Jöns Jacob Berzelius도 거의 비슷한 주장을 했다. 그의 책『화학교과서Lärbok i kemien』마지막 판에는 이렇게 적혀 있다. "원소들은 생명의 자연과 죽은 자연에서 완전히 다른 법칙을 따르는 것으로 보인다."[16]

베르셀리우스가 이 교과서를 출판할 즈음 당대의 중요한 화학 산업가 중 한 명인 장앙투안 샤프탈Jean-Antoine Chaptal은 이런 글을 썼다. "따라서 화학은 생체에 적용할 때는 새로운 관찰 수단을 제공하는 과학으로 간주할 수 있다. … 하지만 화학이 생기라는 독특한 영역에 함부로 개입해 들어가는 것은 조심해야 한다. 그곳에서는 화학적 친화력이 예술의 힘을 거부하는 생기의 법칙과 뒤섞이기 때문이다."[17] 이 짧은 문장은 많은 것을 보여준다. 가장 분명하게 드러나는 부분은 샤프탈이 바르테즈와 베르셀리우스와 마찬가지로 생명을 지배하는 법칙은 '예술'을 통해 이해할 수 없다고 생각한다는 점이다. 여기서 '예술'은 과학을 의미한다. 더욱 흥미로운 부분은 샤프탈이 '생기의 영역'에 함부로 '개입'해서는 안 된다고 말한 점이다. '생기의 영역'이라는 구절은 과학의 도달 범위 너머, 즉 물질성 너머에 존재하는 영적인 세계의 존재를 암시한다. 이곳은 뉴턴의 세계처럼 모든 행동이 크기는 같고 방향은 반대인 반작용을 발생시킨다고 가정해서는 안 되는 세계다. 우리가 그런 세계에 함부로 개입하면 안 된다는 말은 한낱 인간에게는 금지된 지식의 영역이 존재함을 암시한다. 이것을 보니 밀턴Milton의 『실낙원』에서 아담이 천사 라파엘에게 하늘이 어떻게 작동하는지 물어보던 구절이 생각난다. 별들이 매일 자전하는 것처럼 보이는 이유는 지구는 가만히 있고 하늘이 돌아가기 때문입니까, 아니면 지구가 돌아가기 때문입니까? 여기에 라파엘은 이렇게 대답한다.

이것을 성취하는 데 있어서
네가 올바로 이해하기만 한다면
하늘이 움직이든, 지구가 움직이든 상관이 없다.
나머지 부분은 위대한 설계자인 신께서
자신의 비밀을 알리지 않고
현명하게도 인간이나 천사로부터 숨겨놓으셨으니
그 비밀을 살피려 하지 말고 그저 경외할지어다.[18]

우리가 개입을 조심해야 한다거나, 궁금하다고 파고들기보다는 그저 경외해야 한다는 말은 아담과 이브가 선악과 열매를 따 먹어 죄를 지었던 것을 떠올리게 한다. 샤프탈의 말은 생기라는 신비로운 영역, 생명력의 영역은 우리가 이해할 수 없을 뿐 아니라 이해하려고 시도해서도 안 되는 영역임을 암시한다. 이것은 인간의 탐구와 지식에 한계가 있으며, 그 너머의 영역은 우리가 탐구할 자격이 없다는 주장이다. 이런 개념은 오늘날에도 남아 있다. 1997년 '돌리'라는 최초의 복제 동물이 탄생했을 때 일부 논평가들은 그런 발전은 인간이 신을 흉내 내려 하는 것이므로 신성모독이라고 주장했다.

생기론의 반대편에는 기계론이 있다. 기계론에서는 살아 있는 생명체가 수많은 생물학적 도르래와 스프링으로 이루어진 화학적 흐름에 불과하며 형이상학적 영혼은 필요하지 않다고 주장한다. 예를 들어 생물학자 조르주루이 르클레르 뷔퐁 Georges-Louis Leclerc Buffon 백작은 신이 물리 세계의 작용에 개입할 수 있고, 반드시 개입해야 한다는 뉴턴의 믿음을 거부했다. 『지구의 이론과 증거Théorie de la terre, preuves』에서 뷔퐁 백작은 이렇게 적었다. "물리학을 할 때는 대자연 외부의 원인에 의지하는 것을 최대한 자제해야 한다."[19] 그리고 『철학 저작집Oeuvres philosophiques』에서는 이렇게 적었다. "생명과 생기animation는 존재의 형이상학적 지점이 아니라 물질의 물리적 속성이다."

생물학의 역사에서 생기론-기계론 논쟁은 앞뒤로 얽히고 설키며 진행되어 왔다. 이 논쟁은 19세기에 독일의 과학자들에 의해 첨예하게 부각됐다. 특히 1840년대에 에너지 보존의 법칙이라는 근대적 법칙이 정립되면서 화학자 유스투스 폰 리비히Justus von Liebig와 율리우스 로버트 마이어Julius Robert Mayer는 동물이 필요로 하는 에너지는 오직 식품의 화학적 분해를 통해서만 공급되며, 내적·영적 생명력에 의해 공급되는 숨겨진 에너지는 존재하지 않는다는 제안을 각각 내놓았다. 기계론자들에 따르면 말이 뛰고, 이를 갈고, 추운 겨울밤에 따듯한 호흡을 하는 것은 먹이를 섭취하지 않고는 일어날 수 없는 일이었다. 땅 위에 놓인 공을 아무도 밀지 않으면 공이 구르지 않는 것과 같다.

19세기 말에 독일의 물리학자 막스 루브너Max Rubner는 좀 더 정량적인 측면에서 마이어와 리비히의 가설을 검증했다. 루브너는 화학자와 영양학자들이 다양한 음식에 저장된 화학에너지를 측정한 연구를 이용했다. 지방, 탄수화물, 단백질에는 그 무게만큼의 에너지가 들어 있다. 루브너는 체온 유지, 근육 수축, 기타 신체 활동에 필요한 에너지를 표로 작성해서 산출한 총에너지를 음식 속에 들어 있는 화학에너지와 비교해 보았다. 그리고 세기 말 즈음에 그는 생명체가 사용하는 에너지의 양이 음식을 통해 섭취하는 에너지의 양과 같다는 결론을 내렸다. 바꿔 말하면 물리학자들의 에너지 보존의 법칙이 생물학에서도 통한 것이다. 숨겨진 에너지 공급원은 없었다. 무無에서 생산되는 에너지도 없었다. 에너지 장부로 따지면 생명체는 여러 가지 코일 스프링, 움직이는 공, 외팔보에 매달아 놓은 무계추, 전기적 반발을 담고 있는 그릇과 같다고 생각할 수 있다.

생기론 학파에서는 인간이 알 수 있는 것과 알 수 없는 것 사이에 뚜렷한 선을 긋고 있다는 점도 덧붙이고 싶다. 역사적으로 볼 때 알 수 없는 것은 오직 신, 혹은 깨달은 존재의 영역에 속해 있다. 이와 대조적으로 기계론적 관점에서는 우주에는 오직 한 종류의 실체만 존재하며, 그 실체가 생물과 무생물을 구성한다고 믿는다. 물론 생명체는 우리가 생명이라 부르는 활동으로 이어지는 원자와 분자의 특수한 배열을 갖고 있다. 새는 돌과 다르다. 하지만 현대 생물학의 관점에서 보면 둘 다 물질이다. 더군다나 유물론적 관점에 따르면 생물과 무생물 모두 인간이 이해할 수 있다. 여기에는 그것들이 따르는 법칙도 포함된다. 우리가 지금 자연의 모든 법칙을 완전히 알지 못하는 것은 분명하다. 하지만 우리는 그 법칙들이 언젠가 이해할 수 있는 범위 내에 있다고 믿는다. 그렇지만 다음 장에서 얘기하듯이 순수하게 물질로 이루어진 우리의 육체는 의식이나 영성 같은 특별한 경험을 할 수 있다.

예측 가능한 우주

내가 보기에 세상이 오직 물질로만 이루어졌다는 점을 가장 확실하게 이해한 분야는 물리학이다. 이러한 이해에서 핵심적인 부분은 세상이 법칙과 인과관계를 따르는 합법칙적인 곳이라는 개념이다. 이런 합법칙성lawfulness의 개념이 바로 반세기 전에 내가 루크레티우스에게 이끌렸던 이유 중 하나다. 자연에 대한 최초의 정량적 법칙 중 하나는 그리스의 과학자 겸 수학자 아르키메데스Archimedes에 의해 공식화됐다. 루크레티우스와 마찬가지로 아르키메데스의 삶에 대해서도 알려진 것이 거의 없다. 하지만 '부유체의 법칙'에 대한 기록은 남아 있다. 유체보다 밀도가 낮은 고체를 유체에 넣으면 고체에 의해 밀려난 액체의 무게가 고체의 무게와 같아질 때까지 고체가 유체 속으로 가라앉게 된다는 법칙이다.[20]

우리는 아르키메데스가 어떻게 이런 법칙에 도달하게 됐는지 추측해 볼 수 있다. 당시에도 시장에서는 상품의 무게를 잴 수 있는 저울을 쓰고 있었다. 아르키메데스는 먼저 한 물체의 무게를 잰 다음, 그것을 사각형 물통에 넣어서 물의 높이가 얼마나 올라가는지 측정할 수 있었을 것이다. 이 물통의 밑바닥 면적과 수면이 올라간 높이를 곱하면 물체에 의해 밀려난 물의 부피를 알 수 있다. 마지막으로 그 부피만큼의 물을 또 다른 그릇에 담아서 무게를 재본다. 아르키메데스는 여러 가지 물체를 가지고 여러 번 측정한 후에 이 법칙을 고안했을 것이다. 그는 아마도 모든 액체에 적용되는 일반 법칙을 발견하기 위해 수은 같은 다른 액체로도 실험해 보았을 것이다.

아르키메데스의 법칙은 액체 속에 떠 있는 부유체에 적용되는 특수성을 넘어 자연의 세계가 예측 가능한 행동을 한다는 것을 암시한다. 이것 역시 내가 어린 시절에 진자를 가지고 도달했던 것과 동일한 결론이다. 수 세기 후에 이 개념은 최초의 근대 과학자 중 한 명으로 여겨지는 이탈리아의 물리학자 갈릴레오 갈릴레이가 낙하체의 법칙law of falling bobies[21]을 통해 재확인했다. 낙하체의 법칙에 따르면 지구의 중력에 의해, 혹은 일정한 가속에 의해 물체가 낙하하는 거리는 그 거리를 낙하하는 데 걸리는 시간의 제곱에 비례한다. 예를 들어 한 물체가 1초에 10미터를 낙하한다면, 3초에는 90미터를 낙하할 것이다. 부유체와 낙하체의 수학 법칙은 점점 커지고 있던, 합리적·논리적·합법칙적 자연계라는 개념의 일부였다. 이런 세계에는 유령이나 영혼, 기타 영적 실체가 들어설 자리가 없었다.

1609년 마흔다섯 살의 갈릴레오는 네덜란드에서 발명된 새로운 확대경에 대한 소식을 들었다. 그 경이로운 장치를 한 번도 본 적이 없음에도 그는 네덜란드의 장치보다 몇 배 더 강력한 망원경을 직접 설계하고 제작했다. 아마도 그가 인류 최초로 망원경을 통해 밤하늘을 바라본 사람이 아닐까 싶다. (네덜란드의 망원경은 '스파이글라스spyglass'라고 불렸다. 그 이름을 보면 용도를 추측할 수 있을 것이다.)

나는 최근에 이탈리아 피렌체에 있는 갈릴레오 박물관에서 갈릴레오의 오리지널 망원경 중 하나를 볼 수 있었다. 이것은 100센티미터쯤 되는 적갈색의 튜브에 한쪽 끝에는 접안렌즈, 반대쪽 끝에는 볼록렌즈를 단 놀라울 정도로 단순한 장치였다. 목재, 종이, 구리선으로 만들어진 이 망원경을 정확히 따라 만든 복제품으로 달을 보았더니 달 전체 너비의 절반밖에 안 보일 정도로 시야가 좁았다. 내가 무엇을 바라보고 있는 것인지 거의 알아볼 수 없었다. 렌즈를 통과해서 튜브를 따라 들어오는 빛의 양이 너무 부족해서 시야가 어둡고 흐릿했다. 이 망원경으로 뭔가를 보기 위해 갈릴레오는 아주 어두운 곳에서 눈을 적응시켜야 했을 것이다.

갈릴레오가 설계하고 제작한 망원경

갈릴레오가 이 망원경을 통해서 관찰한 것은 울퉁불퉁한 달 표면과 태양 표면에 일시적으로 생기는 반점(현재는 태양의 혼란스러운 자기장에 의해 형성되는 상대적으로 차가운 영역으로 알려져 있다)이었다.

「시데레우스 눈치우스Sidereus nuncius」라는 소책자에서 갈릴레오는 연필과 잉크로 자신이 직접 그린 달을 선보였다. 그 그림에는 어두운 영역과 밝은 영역, 계곡과 언덕, 분화구, 능선, 산맥 등이 드러나 있다. 심지어 그는 그 그림자의 길이를 가지고 달에 있는 산의 높이를 추정하기도 했다.

그가 소위 '터미네이터terminator'라고 하는 달의 어두운 곳과 밝은 곳 사이의 경계선을 들여다보았더니 신학에서 말하는 완벽한 구체에서 예상되는 매끈한 곡선이 아니라 들쭉날쭉 불규칙한 선이 관찰되었다. 갈릴레오는 이렇게 적었다. "달의 표면이 매끄럽기는커녕 거칠며, 심지어 지구의 표면처럼 튀어나온 곳, 깊이 파인 틈, 구불구불한 주름으로 빽빽이 채워져 있다는 사실을 누가 봐도 분명히 알 수 있을 것이다."[22] 갈릴레오는 1612년 5월 12일 이탈

갈릴레오가 직접 관찰하고 그린 달 그림

리아 과학자 페데리코 체시Federico Cesi에게 보낸 편지에서 태양의 흑점sunspot이라고 불리는 어두운 부분에 대해 관찰한 내용을 썼다. 갈릴레오는 이어서 탁상공론에 빠져 있는 철학자와 신학자들에게 경멸을 드러냈다. "소요학파Peripatetics(아리스토텔레스가 창설한 학파)가 하늘의 불변성을 옹호하기 위해 어떤 대단한 말을 내뱉을지 들어보려고 기다리는 중입니다."[23]

갈릴레오의 이런 관찰과 의견은 하늘과 천체들이 비물질적 영혼과 마찬가지로 파괴 불가능한 신성한 실체로 구성되어 있다는 통념에 이의를 제기했다. '에테르ether', '아이테르aither', '기본체primary body', '제5원소fifth element' 등으로 불리는 이 신성한 실체를 아리스토텔레스는 "영원하고, 증가하거나 감소하지 않으며, 늙지 않고, 변하지 않는 무감각한 대상"[24]이라고 묘사했다. '영적인' 혹은 '천상의' 등의 의미를 담고 있는 단어 'ethereal(이시리얼)'은 에테르를 의미하는 그리스어 'aitheras(아이테라스)'에서 유래했다. 갈릴레오의 관찰에서 조금만 더 나아가면 천체, 달, 행성, 항성이 모두 지구와 동일한 물질로 이루어져 있다는 결론에 도달하게 된다. 천상이 사실은 천상의 존재가 아니었던 것이다. 우리는 물질적 우주에 살고 있다.

아이작 뉴턴Isaac Newton의 연구는 새로이 등장한 합법칙적 우주에서 획기적인 사건이었다. 뉴턴의 만유인력의 법칙은 물체의 운동을 지배하는 기본 힘에 관한 최초의 수학적 표현이었을 뿐 아니라 지구 위에 있는 물체의 행동을 지배하는 법칙이 하늘에도 적용되어야 한다는 최초의 주장이기도 했다. 즉 자연법칙의 보편성을 처음으로 이해하게 된 것이다. 뉴턴의 천재성은 나무에서 사과를 떨어지게 만드는 힘과 달이 지구의 궤도를 돌게 만드는 힘이 동일하다는 것을 알아차렸다는 데 있다.

만유인력의 법칙은 다음과 같이 표현할 수 있다. 두 물체 사이에 작용하는 중력의 강도는 어느 한쪽의 질량이 두 배로 커지면 두 배가 되고, 두 물체 사이의 거리가 절반으로 줄어들면 네 배가 된다. 뉴턴의 법칙은 타원 형태의 궤도, 운동 속도, 변화 방식 등 행성의 운동을 정량적으로 자세하게 설명해 냈다. 뉴턴의 운동 법칙과 만유인력의 법칙은 우주, 그리

PHILOSOPHIÆ
NATURALIS
PRINCIPIA
MATHEMATICA·

Autore JS. NEWTON, Trin. Coll. Cantab. Soc. Matheseos Professore Lucasiano, & Societatis Regalis Sodali.

IMPRIMATUR·
S. PEPYS, Reg. Soc. PRÆSES.
Julii 5. 1686.

LONDINI,
Jussu Societatis Regiæ ac Typis Josephi Streater. Prostat apud plures Bibliopolas. Anno MDCLXXXVII.

1687년에 간행된 뉴턴의 『프린키피아』. 뉴턴의 운동 법칙과 만유인력의 법칙을 기술한 책이다.

고 우주의 행동을 지배하는 자연의 법칙에 대한 이해에 거대한 진전을 이뤄냈다. 노벨상을 수상한 20세기 물리학자 리처드 파인먼Richard Feynman은 자연이 "만유인력의 법칙처럼 우아하고 단순한 법칙"[25]을 따를 수 있다는 사실에 경탄했다.

뉴턴이 중력의 본질을 밝혀냈다면, 1865년에 스코틀랜드의 물리학자 제임스 클러크 맥스웰James Clerk Maxwell은 전자기력의 본질을 밝혀냈다. 맥스웰과 그 이전의 다른 연구자들은 전기가 자기를 일으킬 수 있고, 역으로 자기도 전기를 일으킬 수 있음을 밝혀내어, 이 두 가지가 사실은 동일한 현상의 일부일 수 있음을 보여주었다. 어떻게 바라보느냐에 따라 젊은 여성으로도 보이고, 노파로도 보이는 유명한 그림과 비슷하다. 맥스웰은 하나의 무리로 묶인 4개의 방정식을 발표했다. 요즘 물리학과 학생들에게는 '맥스웰 방정식Maxwell's equations'으로 알려져 있다. 이 방정식은 전자기에너지 장의 행동을 완벽하게 설명한다.

맥스웰 방정식이 예측한 한 가지 특별한 사실은 빛의 속도로 공간을 뚫고 이동하는 전기와 자기 에너지의 파동이 존재한다는 것이다(사실 가시광선도 이런 빛에 해당한다). 독일의 물리학자 하인리히 헤르츠Heinrich Hertz는 전파를 만들고 검출하는 실험 장치를 만들었다. 라디오파라고도 불리는 이 전파는 가시광선의 파동보다 주파수가 낮은 전자기파다. 이 연구로 맥

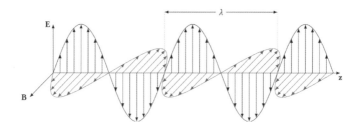

전자기에너지 장의 행동을 설명하는 맥스웰 방정식 그래프

스웰 전자기파의 존재가 확인됐다.

세상을 움직이는 에너지

에너지는 세상을 움직이는 원동력이다. 전자기파를 발견하고, 맥스웰 방정식을 통해 그것을 정량적으로 이해하게 된 것이 얼마나 중요한 일인지는 아무리 강조해도 지나침이 없다. 비물질적 영혼, 생명체의 생명력, 그리고 영적 세계 전체는 과학으로 분석할 수 없는 일종의 비물리적 에너지와 종종 연관 지어졌다. 맥스웰이 등장하기 수십 년 전에도 물리학자들 사이에는 에너지라는 개념, 그리고 한 에너지가 다른 형태의 에너지로 전환될 수 있다는 개념에 대한 이해가 무르익고 있었

다. 선반에서 떨어져 낙하하는 책은 바닥에 가까워질수록 속도가 빨라진다. 이것은 높이와 관련된 일종의 에너지(중력에너지)가 속도 에너지(운동에너지)로 전환됨을 보여주는 사례다. 뜨거운 기체는 식으면서 피스톤을 밀어 벽돌을 들어 올릴 수 있다. 이것은 열과 관련된 에너지가 무게를 들어 올려 중력에너지를 증가시키는 사례다. 맥스웰과 헤르츠가 발견한 것은 에너지가 한 장소에서 다른 장소로 공간을 뚫고 움직일 수 있다는 것이었다. 그뿐만 아니라 에너지의 위치를 파악할 수도 있고, 정량화도 가능하다. 따라서 우주의 원동력인 에너지가 아무 규칙이나 이유도 없이 제멋대로 나타나는 신비로운 실체가 아니라는 것을 알 수 있다. 에너지도 법칙을 따르며 원인과 결과에 승복한다. 에너지는 물질세계의 일부다.

에너지가 만들어지거나 파괴될 수 없다는 것은 에너지를 이해하는 데 결정적인 아이디어였다. 한 종류의 에너지가 다른 종류의 에너지로 전환될 수는 있지만 닫힌 상자 안에서 에너지의 총량은 일정하다. 이런 개념을 '에너지 보존conservation of energy'이라고 한다. 이것은 과학의 성역 중 하나다. 고립된 영역 안의 에너지 총량이 일정하다는 것은 원자가 파괴 불가능하다는 데모크리토스와 루크레티우스의 개념을 떠올리게 한다. 새로 만들어지나 파괴될 수 없기 때문에 닫힌 상자 안에 존재하는 원자의 개수는 일정하다.

역사적으로 열은 에너지 보존의 개념을 공식화할 때 중요한 역할을 했다. 중력에너지와 운동에너지는 분명 연관되어 있다. 떨어뜨린 물체는 무엇이든 지표면에 가까워지면서 속도가 빨라지기 때문이다. 이와 대조적으로 어떤 에너지와 열에너지 사이의 전환은 명백하게 잘 보이지 않는다. 열은 미시적인 입자의 무작위적인 운동으로 이루어져서 맨눈으로는 보이지 않기 때문이다. 그러다 19세기에 열이 엄격한 계산에 따라 다른 형태의 에너지로 변할 수 있는 에너지의 한 종류라는 사실을 깨달으면서 과학자들은 점점 총에너지 보존이라는 생각에 이끌리게 됐다.

독일의 의사 율리우스 로버트 마이어는 열을 비롯한 모든 형태의 에너지가 서로 동등하며 총에너지는 보존된다는 개념을 처음 제안한 것으로 알려져 있다. 어떻게 의사가 열의 에너지 등가성을 발견할 수 있었느냐는 의문이 자연스럽게 따라올 것이다.

이것은 흥미진진한 이야기다. 독일 하일브론Heilbronn에서 태어난 마이어는 전통적인 체육 학교를 다니다가 쇤탈Schöntal에 있는 복음주의 신학교로 편입한 후에 튀빙겐대학교 의대에 입학했다. 그곳에서 그는 1838년에 우수한 성적으로 의학 박사 학위를 받았다. 1840년 초에 스물다섯 살의 마이어는 네덜란드 상선에 승선하여 동인도로 항해하면서 그 배의 의사로

일했다. 그는 자바에서 선원들에게 사혈을 해주다가(무슨 치료였는지는 알 길이 없다) 그들의 피가 유독 붉은 것을 보고 매우 놀랐다. 그는 열대 지역의 높은 기온 때문에 체온을 유지하기 위해 칼로리를 많이 태울 필요가 없고, 이처럼 몸의 대사율이 낮다 보니 적혈구 세포로부터 산소를 받아 올 필요가 줄어 이들의 피 색깔이 더 붉은 것이라고 추측했다. 옳은 생각이었다. 산소가 화학적으로 음식의 성분과 결합해서 에너지를 만들어 낸다는 것은 이미 알려진 사실이었다. 마이어는 화학에너지가 동물의 열과 관련이 있으며, 둘 사이의 전환을 정량적으로 표현할 수 있다고 결론 내렸다. 그러고 나서 그는 모든 형태의 에너지의 등가성을 일반화하는 일에 착수했다.

1842년에 「화학 및 약학 연보Annalen der Chemie und Pharmacie」에 발표한 선구적인 소론에서 마이어는 이렇게 적었다. "힘이 원인이다. … 수없이 많은 사례에서 우리는 운동이 다른 운동을 일으키거나 무게를 들어 올리지도 않았는데 잦아드는 경우를 본다. 하지만 일단 생겨난 힘은 소멸할 수 없고, 그 형태만 바꿀 수 있다. … 예를 들어 두 개의 금속판을 비비면 운동은 사라지는 반면, 열이 모습을 드러내는 것을 볼 수 있다. … 이런 관점에서 낙하하는 힘, 운동, 열 사이의 방정식을 아주 쉽게 도출할 수 있다."[26] 마이어는 '힘'이라는 단어를 사용했지만 요즘 물리학자들이 '에너지'라 부르는 것에 대해 얘기한다는 것을 알 수 있다. 에너지는 힘, 그리고 힘이 작용한 거리의 곱으로 나타낼 수 있다.

일단 에너지 보존이라는 개념을 구상하고 나자 과학자들은 특정 무게가 특정 거리를 낙하할 때 얼마나 많은 에너지가 만들어지는지 측정하는 보정 실험을 진행할 수 있었다. 이 실험을 통해 열에너지의 정량적 측정 방법이 확립되고, 특정 양의 중력에너지에 대한 등가성을 확인할 수 있었다. 질량이 특정 거리를 낙하한 후에 얼마나 빠른 속도로 움직이는지 확인하는 보정 실험에서도 마찬가지로 운동에너지의 정량적 측정 방법과 특정 양의 중력에너지에 대한 등가성을 확립할 수 있었다. 하지만 이런 것들은 보정에 불과했다.

이런 초기 조사가 이루어진 후에 추가 실험에서 특정 양의 운동에너지나 중력에너지에 의해 생성되는 열에너지의 양이 들쭉날쭉한 것으로 확인되어 에너지 보존이라는 일반 법칙 개념을 위반하는 결과가 나올 가능성도 있었다. 하지만 그런 일은 일어나지 않았다. 물리학자들이 보정 실험을 통해 서로 다른 형태를 가진 에너지의 등가성을 확립한 후 그 이후의 실험에서도 등가성이 항상 동일하게 적용된다는 것을 확인할 수 있었다. 서로 다른 형태의 에너지 사이에서 등가성이 유지되면 닫힌계closed system의 총에너지 양은 일정하다. 에너지 보존은 분명 자연의 법칙이다. 에너지의 형태는 변할 수 있지만, 총량은 증가하거나 감소할 수 없다.

20세기에는 자연의 두 가지 힘이 더 발견되어 정량화됐다. 하나는 소위 강력strong force이라는 것으로 원자핵을 한데 묶어주는 역할을 하고, 또 하나는 약력weak force으로 특정 아원자 입자의 붕괴를 담당한다. 현대에 와서 이루어진 이 모든 발전에서도 에너지 보존의 법칙은 그대로 유지됐다. 이 현대 물리학의 위대한 지식은 나를 비롯해 전 세계 수많은 사람으로 하여금 자연이 합법칙적임을 믿게 해주었다. 물리적 세계를 대상으로 진행된 수백만 건의 실험과 탐사에서 현대 과학자들은 합리적 설명이 불가능한 신비한 힘이나 현상을 전혀 발견하지 못했다. 물론 20세기의 상대성이론과 양자역학처럼 새로운 관찰이나 고려 사항을 바탕으로 기존에 이해하고 있던 내용과 이론을 수정해야 할 때도 있었지만, 새로 수정된 이론도 항상 에너지 보존의 법칙, 더 일반적으로는 자연에 대한 규칙 기반의 물질적 이해와 부합했다.

사후 세계를 믿는 사람들

대학 시절에 내가 루크레티우스를 높이 평가한 이유가 원자론 때문만은 아니었다. 그는 사람에게 관심이 많았다. 우선

그가 원자 가설을 지지했던 가장 큰 동기는 에피쿠로스와 마찬가지로 사람들이 느끼는 죽음의 공포를 덜어주기 위함이었다. "고난에도 한계가 정해져 있음을 알고 나면 사람들은 어떻게든 미신이나 사제의 위협에 대항할 힘을 갖게 될 것이다."[27] 현대 의학의 도움을 받을 수 있고, 천국과 지옥에 대해 더욱 세련된 믿음을 갖게 된 오늘날에는 이른 나이에 예기치 못한 죽음을 맞이하고, 죽고 나서도 끝없는 고문과 고통에 시달릴 가능성을 두려워해야 했던 사람들의 심리적 외상이 얼마나 컸을지 상상하기 어렵다.

에피쿠로스와 마찬가지로 루크레티우스도 심오한 철학적 문제에 관심이 있었다. 예를 들면 다음과 같은 질문이다. 우리가 내리는 결정이나 행동이 자신의 선택에 의한 것인가, 아니면 머나먼 과거에 정해진 인과관계를 따르는 원자의 필연적인 운동에 의해 이미 결정된 것인가? A 원자가 B 원자에 와서 부딪치면, 원자 B는 다시 원자 C에 가서 부딪치고 … 이런 식의 인과가 끝없이 이어진다면 우리는 한낱 로봇에 불과한 것이 아닌가? 우리에게 선택의 자유를 부여하기 위해 루크레티우스는 원자가 공간을 따라 움직이는 과정에서 "때로는 불확실해지면서 원래의 경로에서 약간 방향을 튼다. … 결정되어 있던 운명이 이런 식으로 깨지면, 무한히 먼 과거에서 비롯된 원인을 따르지 않을 수 있고, 여기서 살아 있는 생명체의 자유의지가 등

장한다"라고 주장했다.[28]

루크레티우스는 또한 우리를 구성하는 원자가 한때는 우리 앞에 살았던 사람의 일부였다는 아름답고, 과학적으로도 옳은 생각을 갖고 있었다. 비록 그 조상의 원자 배열에 대한 기억은 없을 테지만 말이다. 내가 보기에 우리를 구성하는 원자가 한때 다른 사람의 일부였고, 우리가 죽고 난 다음에 또다시 다른 사람의 일부가 되리라는 개념이 우리와 나머지 인류 사이를, 과거와 미래 사이를 의미 있게 연결해 주는 것 같다.

루크레티우스는 지구에 사는 동료 인간들에 대해서만 생각한 것이 아니었다. 그에게는 우주적 생명관이 있었다. 루크레티우스는 우주의 다른 곳에 생명이 존재할 가능성을 처음으로 상정한 철학자 중 한 명이다. "물질이 풍부하게 준비되어 있고, 공간이 마련되어 있다면 … 다른 영역, 다른 세계에 다른 종족의 인간과 야생 짐승이 존재하리라고 얘기할 수밖에 없다."[29] 다른 행성에 생명체가 존재한다는 개념을 우주 다원주의cosmic pluralism라고 하는데 이것은 수백 년 동안 기독교 교리에 의해 탄압을 받다가 중세 시대에는 무함마드 알바키르Muhammad al-Baqir 같은 이슬람 사상가에 의해, 그리고 훗날 기독교에서는 조르다노 브루노Giordano Bruno 같은 이탈리아 철학자에 의해 새롭게 조명되었다.

유물론자와 비유물론자의 가장 큰 차이는 죽음을 향한

태도다. 이 이상한 우주를 잠깐 스쳐 가는 우리라는 존재에게 죽음의 필연성만큼 강력한 사실은 없을지도 모른다. 실제로 우리의 사상, 세계관, 예술 표현, 종교적 신념 중 상당 부분이 이 근본적 사실과 타협하기 위한 방편이라고 주장할 수 있다. 문화인류학자 어니스트 베커Ernest Becker는 자신의 기념비적인 저서 『죽음의 부정The Denial of Death』에서 우리의 문명 전체가 그런 필연적 죽음에 저항하기 위한 방어 메커니즘이라고 주장했다.

나는 유물론자와 비유물론자가 모두 동일한 사실에서 동기를 부여받았음에도 그것에 맞서기 위해 아주 다른 심리적 전략을 제안했다는 점이 흥미로웠다. 소크라테스나 아우구스티누스 같은 비유물론자들은 죽음을 두려워할 필요가 없으며 오히려 죽음을 반겨야 한다고 주장했다. (착하게 살았다면) 불멸의 비물질적 영혼이 영원히 복된 사후 세계를 누릴 것이기 때문이다. 플라톤의 『파이돈』에서 소크라테스는 독배를 들기 직전에 제자들에게 이렇게 말했다. "예전이었다면 죽음을 슬퍼했을지 모르지만 지금은 그렇지 않다. 죽은 자들을 위해서도 아직 무언가 남아 있고, 옛사람들이 말했듯이 선한 자에게는 훨씬 좋은 일들이 기다리고 있을 거라는 희망이 있기 때문이다."[30] 그리고 아우구스티누스는 자신의 저서 『삼위일체론』에 이렇게 적었다. "따라서 모든 인간은 축복받기를 열망하고,

그것을 진정으로 열망한다면 또한 불멸을 열망하게 된다. 불멸 없이는 축복을 받을 수 없기 때문이다."[31] 죽음에 대한 방어 메커니즘으로서 일종의 사후 세계를 믿는 성향은 과학의 발전에도 별로 약해지지 않은 것 같다. 앞서 얘기했듯이 심지어 오늘날에도 72퍼센트의 미국인이 "착하게 산 사람들이 영원히 보상을 받는 장소"인 천국의 존재를 믿는다.

이와는 대조적으로 에피쿠로스와 루크레티우스 같은 유물론자들은 죽고 나면 모두 해체되어 사라질 것이기 때문에 죽음을 두려워할 필요가 없다고 주장한다. 죽고 나면 우리는 어떤 형태로도 존재하지 않기 때문이다. 우리가 남지 않으니 두려워할 것도 남지 않는다.

똑같이 죽음의 필연성이라는 심오한 사실을 바탕으로 삼았음에도 유물론자와 비유물론자는 각자의 세계관에 따라 죽음에 대한 공포를 제거할 방법을 완전히 다르게 발전시켰다. 이런 세계관의 차이는 어디서 비롯된 것일까? 보통 유물론자는 과학적인 세계관을 받아들인 사람이고, 비유물론자는 그렇지 않은 사람이기 때문이라는 단순한 가설도 있다. 자연 세계에 대한 루크레티우스의 주장 중에는 틀린 것도 있다. 예를 들면 그는 지구가 둥글지 않고 편평하다고 주장했다. 하지만 그의 사고방식은 과학적이었다. 그는 세상의 모든 현상을 물리적으로 설명하려 했다. 루크레티우스와 에피쿠로스의 과학에서 나타나는 기본적인 특징은 모든 것이 물리적 원자로 이루어졌으며, 그러한 특성으로 인해 사후 세계의 존재 가능성과 사후에 대한 두려움 역시 배제할 수 있다는 것이다.

하지만 이런 식으로 유물론자와 비유물론자를 구분하는 가설이 전적으로 옳다고는 할 수 없다. 앞에서도 얘기했듯이 20세기까지도 폴-조제프 바르테즈와 장앙투안 샤프탈 등의 일부 저명한 과학자들은 살아 있는 생명체가 무생물에서는 볼 수 없는 비물질적 본질을 가지고 있다고 주장했다. 그리고 시카고대학교에서 비교적 최근에 실시한 설문조사에 따르면 미국의 의사 중 58퍼센트 정도가 일종의 사후 세계를 믿고 있는 것으로 드러났다(사후 세계는 비물질적인 존재를 필요로 한다).[32] 일반 대중에 비해 비율이 좀 낮기는 하지만 여전히 높은 수준이다.

따라서 유물론적 세계관과 비유물론적 세계관의 밑바탕에는 그저 과학적 사고의 유무가 아닌 더 복잡한 이유가 자리 잡고 있을 가능성이 크다. 이런 구분을 완벽하게 설명하려고 애쓰기보다는 비유물론을 뒷받침하는 생각과 욕망을 살펴보도록 하겠다. 이런 생각과 욕망은 우리 모두가 다양한 수준으로 경험하는 것들이며, 유물론자에게 영향을 덜 미칠 것이다. 첫째는 영속성에 대한 깊은 욕망이다. 하지만 자연이 우리에게 제시한 모든 증거는 영속성을 부정하고 있다. 자연에서 보이는 모든 것은 결국 사라진다. 여름 한 철 동안 수억 마리의 하루살이들이 태어난 지 24시간 안에 떨어져 죽는다. 숲은 불탔다가 다시 자라나고, 또다시 사라진다. 고대의 석축 사원과 첨탑은 소금기를 먹은 공기에 쪼개지고, 부서져 나간다. 우리 몸만 봐도 그렇다. 중년을 넘어서면 피부가 늘어지고 갈라진다. 시력이 흐려지고 청력도 떨어진다. 뼈도 부피가 줄어들고 더 쉽게 부러진다. 지난 10년 동안 내 키도 2.5센티미터 넘게 줄어들었다. 자연은 우리에게 영원한 것은 없으며 모든 것이 무상하다고 외치고 있다.

그럼에도 우리는 모래언덕처럼 변화무쌍한 사건과 죽음을 넘어 영원히 지속되는 무언가를 갈망하며 영속성에 의미를 부여한다. 베커의 말대로 예술, 종교, 국가는 모두 지속되는 무언가를 만들려는 시도다. 그리고 우리는 지속되는 대상에 의미를 부여한다. 자신이 흙(혹은 원자)으로 빚어진 불완전한 존재라는 것을 알면서도 완벽을 갈망한다. 완벽성은 가공된 관념이다. 우리 주변에 존재하는 그 무엇도 완벽하지 않다. 사람의 정신이 있어야 무언가에 아름답다는 이름표를 붙일 수 있는 것처럼, 완벽성을 생각하는 데도 사람의 정신이 필요하다. 신이나 다른 신성한 존재라는 개념은 우리가 상상하고 추구하는 완벽성의 일부다. 이러한 추론에 따르면 모든 물질적인 것이 무상하다면 영속성, 그리고 그와 관련된 완벽성과 신성함이라는 특징에는 반드시 비물질적인 무언가가 존재해야 한다.

둘째는 무無를 상상할 수 없다는 것이다. 유물론자는 우리가 앞으로 영원히 존재하지 않게 되는 순간이 찾아올 것이라고 말한다. 누가 그런 상황을 상상할 수 있을까? 우리는 자신이 태어나기 전의 상황을 알 수 없고, 죽은 이후의 상황도 알 수 없다. 우리는 의식이라는 이 장엄하고도 독특한 느낌, 우리의 생각과 감각, 계피의 향기를 맡고, 벨벳 같은 이끼의 표면을 어루만지는 감각이 언젠가 종말을 맞이하리라는 사실을 도저히 믿지 못한다. 100년도 안 되는 짧은 수명과 힘줄과 뼈와 피로 만들어진 이 조잡한 육체에 국한되기에는 존재라는 경험이 너무 웅장하게 느껴진다.

셋째는 살아 있는 존재의 특별한 속성이다. 생물은 무생물처럼 행동하지 않는다. 바위는 성장하고 번식하지 않는다. 비누 거품은 무더운 날이나 거센 바람에도 살아남을 수 있도록 진화하지 않는다. 생명체가 가지는 이런 특성 때문에 아리스토텔레스, 데카르트, 베르셀리우스 같은 생기론자들은 생명이 물리학, 화학, 생물학의 한계를 벗어난 비물질적인 실체를 갖고 있다고 결론 내렸다. 하지만 사실상 오늘날의 생물학자는 모두 기계론자다.

몇 년 전 나는 하버드대학교의 생물학자이자 노벨상 수상자인 잭 쇼스택Jack Szostak의 연구실을 방문했다. 그는 살아 있는 세포를 완전히 처음부터, 특히 원시 지구에 존재했던 단순한 분자로부터 창조해 내는 일을 시도하고 있었다. 쇼스택은 이렇게 말했다. "우리가 성공을 거두어, 생명의 탄생은 자연스러운 일이기 때문에 이를 설명하기 위해 어떤 마법이나 초자연적인 힘을 끌어들일 필요가 없다는 생각이 문화 속으로 스며들기를 희망하고 있습니다."[33] 나는 쇼스택과 그의 동료들이 생명을 창조하는 데 성공하든 아니든 전 세계 수많은 사람이 계속 생명체에 일종의 비물질적 실체, 혹은 생기를 가진 영혼이 존재한다고 믿을 것이라 추측한다. 예를 들어 우리 몸에 흐르는 생명력으로 일컬어지는 기氣에 대한 믿음, 그리고 기를 바탕으로 이루어지는 온갖 수행법은 세상에 대한 생기론적 세계관의 일부다.

마지막으로 지난 장에서 논의했듯이 우리는 겉으로 드러나는 세상 너머의 현상인 마법과 기적에 매료되고 즐거워한다. 혼령, 생기, 불멸의 영혼은 그 영적 세계에 살고 있다. 고대 이집트 우나스의 신전 벽에 새겨진 상형문자는 죽은 파라오가 하늘로 올라갈 수 있도록 돕기 위한 마법의 주문이었다. 퓨 리서치 센터에 따르면 오늘날까지도 79퍼센트의 미국인이 자연의 법칙과 과학으로는 설명할 수 없는 사건인 기적을 믿는다.[34] 홍해가 갈라지고, 예수가 부활하고, 무함마드Muhammad가 달을 두 쪽으로 쪼갠 기적만을 말하는 것은 아니다. 유령, 죽은 자의 목소리, 신의 명령, 정확한 예언, 중병에서의 갑작스러운 회복, 염력, 환생 등등 오늘날 세계에서 나타나는 초자연적인 현상도 포함된다. 보스턴 지역의 정신과 의사 로스 피터슨Ross Peterson은 이렇게 말했다. "우리는 무기력함의 해법으로 기적을 원합니다. 우리는 더 깊은 수준의 의미를 위해 기적을 원합니다. 기적은 우리를 따분한 삶에서 구원해 주죠."[35]

이러한 이유로 비물질적인 영적 세계에 대한 믿음은 대단히 매력적으로 다가오며, 우리의 여러 가지 심리적 필요와 욕망에 울림을 일으킨다. 유물론에 기울어 있는 사람들은 나처럼 어린 시절에 진자나 생체 발광을 이용한 실험을 해봤거나, 부모나 선생님으로부터 강한 영향을 받았거나, 실용주의적 회의론을 타고났거나, 영적 세계에 크게 실망하는 등 어떤 특별한 경험을 통해 지금의 유물론적 관점에 도달했을 것이다.

◉

대학을 졸업한 후에도 나는 이따금 『사물의 본성에 관하여』를 읽었다. 과학에 대해 알아갈수록 원자 가설의 폭넓은 의미와 적용에 대해 더 잘 이해할 수 있었다. 나는 오래전에 가지고 있던 원본을 어디에 두었는지 찾지 못해서 하버드대학교 출판부에서 1982년에 출판한 판본을 새로 구했다. 손바닥만 한 크기의 빨간 책이다. 이 책은 보에티우스Boëthius, 카툴루스Catullus, 에우리피데스Euripides, 아우구스티누스 등 러브 고전도서관Loeb Classical Library 시리즈로 나온 다른 책들과 함께 내 책장 위에 나란히 올라가 있다. 이 책들 근처에는 에밀리 디킨슨Emily Dickinson의 시, 화성을 배경으로 펼쳐지는 에드거 라이스 버로스Edgar Rice Burroughs의 공상 과학 로맨스 소설 몇 권, 마이클 온다치Michael Ondaatje의 회고록 『집안 내력Running in the Family』, 버지니아 울프Virginia Woolf의 『댈러웨이 부인』, 파인먼의 『물리법칙의 특성』, 릴케Rilke의 『젊은 시인에게 보내는 편지』 등 그보다 가벼운 책들이 놓여 있다.

『사물의 본성에 관하여』를 통해 나는 과학적 차원 못지않게 물질적 원자의 토대를 뛰어넘는 심오한 인간적 차원에 대해서도 제대로 이해하게 됐다. 우리는 루크레티우스의 삶에 대해 아는 바가 거의 없지만, 그의 시를 통해 그가 무엇을 가치 있게 여겼는지 알 수 있다. 그 걸작은 내가 영성과 관련지어 생각하는 여러 가지 개념과 느낌을 그 역시 받아들이고 있음을 보여준다.

그는 타인의 행복을 가치 있게 여겼으며, 죽음의 공포를 반박하는 이성적인 논증으로 타인을 행복하게 만들려고 했다. 또한 그는 우정을 가치 있게 여겼다. 이것은 그가 멤미우스Memmius에게 한 말을 보면 알 수 있다. "나로 하여금 어떤 수

고도 마다하지 않게 만드는 것은 자네의 가치, 그리고 자네와의 즐거운 우정에서 기대되는 기쁨일세."[36] 그는 선하고 도덕적으로 사는 것을 가치 있게 여겼다. "사람들 안에 남아 있는 서로 다른 본성의 흔적들은 너무도 사소한 것이어서, 우리가 신처럼 가치 있는 삶을 사는 것을 방해할 수 없다."[37] 다음의 문장이 보여주듯 그는 미적 감각도 갖고 있었다. "젊음을 예찬하는 조각과 그림이 집 안을 장식하고 화려하게 금박을 입힌 들보에서는 리라lyra• 소리가 울려 퍼지지만, 한편에서는 화창한 계절이 푸른 풀밭 위에 꽃을 흩뿌릴 때 큰 나뭇가지 아래 실개천 옆 부드러운 풀밭에 소박하게 모여 앉은 사람들이 큰돈을 들이지도 않고도 즐겁게 휴식을 취한다."[38] 그리고 이렇게 경외감을 표현하는 글도 있다. "별이 빛나는 밤하늘 아래 강물이 밝게 펼쳐지자 하늘의 고요한 별자리들이 물속에서 반짝이며 대답한다."[39] 루크레티우스도 나처럼 영적 유물론자였다.

• 고대 그리스의 작은 현악기.

3장

유일하고 고유한
'나'라는 감각

뇌가 만들어내는 사랑과 미움, 황홀경, 유대감

The Transcendent Brain

"우리는 우리를 이루는 물질들의 합보다 크다."

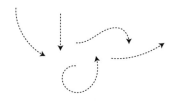

크리스토프 코흐가 의식에 관심을 갖게 된 것은 개에 대한 사랑 때문인지도 모른다. 그는 몇 년 전 한 인터뷰에서 이렇게 말했다. "저는 어릴 때부터 개에 대해 궁금해했습니다. 독실한 로마 가톨릭 가정에서 자란 저는 아버지에게, 그리고 사제님에게 이렇게 물었죠. '왜 강아지는 천국에 못 가나요?' … 개도 어떤 면에서는 우리와 비슷합니다. 말은 못 하지만 사랑과 두려움, 혐오와 흥분, 행복 등의 강력한 감정을 가지고 있죠."[1]

캘리포니아공과대학교에서 인지과학 교수로 거의 30년을 재직한 후, 현재 시애틀의 앨런 뇌과학 연구소Allen Institute for Brain Science에서 수석 과학자를 맡고 있는 코흐 박사는 의식의 물질적 기반을 연구하는 세계적 리더다. 코흐는 의식이 풍부하게 존재한다고 믿는다. "의식은 우리가 생각하는 것보다 자연에 훨씬 광범위하게 존재합니다."[2] 사실 코흐와 정보과학 분야 공동 연구자들은 언젠가는 생명이 아닌 기계도 의식을 갖게 될 거라고 믿는다.

우리 앞에 놓인 큰 의문은 어떻게 물질적 뇌에서 초월적 경험이 생겨날 수 있느냐는 것이다. 나는 그런 경험과 아울러 내가 '영성'이라는 이름으로 한데 묶은 다른 경험들이 고수준의 의식과 지능에서 자연스럽게 창발적으로 출현하는 것이라고 제안하려 한다. 3장에서는 어떻게 의식이 물질적인 뇌에서 생겨날 수 있는지 생각해 볼 것이다. 이 탐구에는 인식과 물리적 뉴런 사이의 상관관계에 대한 연구와 의식의 행동학적 발현을 물질적 뇌의 구조와 연결하는 연구도 포함된다. 이런 연결은 뇌가 손상을 입었을 때 특히나 분명하게 드러난다. 또 단세포 생명체(분명 의식이 없다)에서 설치류, 침팬지, 인간에 이르기까지 동물의 세계에서 의식의 발현이 어떻게 연속성을 띠며 나타나는지도 살펴보겠다. 그리고 의식에 필요한 일군의 속성들을 확인하고, 살아 있는 것이든 아니든 어떤 종류의 물질계가 의식의 속성을 가지고 있는지도 살펴보겠다. 그리고 마지막으로 창발 현상에 대해서도 살펴보겠다. 창발 현상이란 복잡계에서 개별 부분에서는 존재하지 않거나, 이해 불가능한 집단적 행동이 전체에서는 나타나는 것을 말한다. 그리고 뇌 속에서 일어나는 의식을 그런 현상으로 바라보겠다.

여기서는 뇌를 집중적으로 살펴보겠지만 신경과학자 안토니오 다마지오Antonio Damasio 등이 주장했듯이 의식은 아마도 전체 신경계, 그리고 전체 신경계와 전신의 통합을 통해 나타나는 것일 가능성이 크다.

어떻게 정의하든 의식은 차등화된 현상일 가능성이 높다. 의식은 주변 환경에 대한 자동 반응 같은 낮은 수준부터 자기 인식, 에고, 그리고 앞날을 미리 계획하는 능력 같은 높은 수준까지 다양한 층위에서 일어난다. 아메바에게는 의미 있는 의식이 없을 테지만, 까마귀, 돌고래, 개는 분명히 의식을 가지고 있다. 나는 이렇듯 서로 다른 수준의 의식을 구분해 보려고 한다. 하지만 때로는 '의식'이라는 단어를 좀 더 포괄적으로 사용할 수도 있다.

한 가지는 바로 인정하고 시작하자. 이 독특한 현상의 최고 수준, 즉 우리가 의식이라 부르는 인간의 원초적인 경험은 세상에 1인칭으로 참여하는 경험이자 자신에 대한 자각이며, '나'라는 느낌, 자신을 세상에서 독립된 존재로 느끼는 것이자, 시각적 이미지, 소리, 촉각, 기억, 생각을 동시에 수용하고 관찰하는 것이며, 미래를 구상하고 계획하는 능력이다. 이 모든 것이 설명하기 어려운 너무도 독특한 현상이고, 우리가 몸 바깥세상에 대해 느끼는 경험과는 매우 다르기 때문에 어쩌면 우리는 뇌 연구를 통해서는 의식을 결코 온전히 파악할 수 없을지도 모른다. 물질적 뇌의 뉴런과 시냅스에서 어떻게 이런 최고 수준의 의식이 창발적으로 출현할 수 있는지 단계별로 입증하기는 아예 불가능할지도 모르겠다. 그렇다고 창발 현상이 일어나지 않는다는 의미는 아니다. 모든 빈칸을 채울 수는 없더라도 뇌 속의 물질 구조에서 의식이라는 느낌과 속성이 어떻게 만들어지는지는 보여줄 수 있을지 모른다.

앞에서도 말했듯이 나는 유물론자다. 현대의 거의 모든 생물학자처럼 나도 의식과 모든 정신적 경험이 뇌 속에서 화학물질과 전류에 의해 일어나는 감각이라 믿는다. 하지만 우리는 1인칭과 3인칭의 구분을 절대 뛰어넘을 수 없을지도 모른다. 의식이라는 경험은 적어도 가장 고차원적인 수준에서 주관적인 1인칭 경험의 극치라 할 수 있다. 실험실 탁자 위에 올라가 있는 1.35킬로그램의 뉴런 덩어리를 온갖 장치로 분석하고, 전기 진동을 측정하고, 그 진동을 설명할 방정식을 만들고, 그것을 하나의 대상으로 삼아 이야기하는 것 모두 3인칭 활동이다. 우리는 상자의 내부(1인칭)와 외부(3인칭)에 동시에 존재할 수 없다. 물론 어떤 의미에서 보면 우리는 항상 자기 정신이라는 상자의 내부에 존재한다. 자신의 개별적인 뇌를 통하지 않고는 세상을 경험할 수 없으니까 말이다.

1974년에 나온 논문 「박쥐가 된다는 것은 어떤 것일까?What Is It Like to Be a Bat?」에서 미국의 철학자 토머스 네이글Thomas Nagel은 1인칭과 3인칭의 구분을 뛰어넘는 것이 거의 불가능하다는 점을 강조하며 의식을 이렇게 정의했다. "기본적으로 생명체는 그 유기체로서 존재한다는 것이 어떤 것인지 경험하고 있을 때만 의식적인 정신 상태를 갖고 있다. … 우리는 이것을 경험의 주관적 특성이라 할 수 있을 것이다."[3] 우리가 어떻게 박쥐가 무엇을 느끼는지, 개, 혹은 다른 사람이 무엇을 느끼는지 알 수 있을까? 핀란드의 신경과학자 겸 철학자 안티 레본수오Antti Revonsuo의 말을 빌리면 "우리가 생각하거나 상상할 수 있는 그 무엇도 객관적이고, 물리적인 과정을 주관적이고 질적인 '느낌'으로 바꾸지 못한다. … 우리가 할 수 있는 최선은 의식이 뇌에서 출현한다고 말하는 이론을 만든 다음 Z라는 유형의 뇌 활성이 일어나면 Q라는 유형의 의식적 경험이 출현한다는 식으로 그 두 실재 사이의 상관관계를 나열하는 것이다."[4]

어떤 학자는 우리가 의식의 출현을 이해하지 못하게 영원히 막고 있는 것이 그저 1인칭/3인칭 구분만은 아니라고 주장한다. 우리 인지 능력의 물리적 한계가 우리를 가로막고 있다는 것이다. 『신비로운 불꽃The Mysterious Flame』에서 영국의 철학자 콜린 맥긴Colin McGinn은 우리가 전혀 이해하지 못하는 의식의 '숨겨진 구조'가 존재한다고 가정한다. 맥긴은 의식이 인간의 정신이 이해할 수 있는 범위를 근본적으로 넘어서는 경험이라고 말한다. "수 세기에 걸쳐 우리는 어떤 문제는 우리의 인지능력 범위 내에 있지만, 그렇지 않은 문제도 있다는 것을 발견했다."[5] 유물론자임이 거의 확실한 맥긴은 "우리의 지능은 의식을 이해할 수 없도록 잘못 설계되어 있다"[6]라고 말하며, 우리 뇌와 설계된 구조가 다르다면 그런 이해가 가능할지도 모른다고 추론한다. 나는 그 점에 대해서는 동의할 수 없다. 원칙적으로 다른 구조라고 해서 1인칭/3인칭 구분의 문제를 해결할 수는 없다. 의식이 존재하기 위해서는 정보 저장소가 필요하고, 정보 저장소를 위해서는 컴퓨터 칩이든, 뉴런이든, 제한된 공간 안에 생성된 전자기장의 패턴이든, 물질이 필요하다. 그렇다면 물질에서 의식의 1인칭 경험으로 넘어가는 데 따르는 개념적 어려움은 여전히 사라지지 않는다.

이런 어려움이 있다 해도 나는 여전히 의식이 물질적 뇌의 결과물이라 믿는 현대생물학의 편에 서 있다. 즉 정신과 뇌가 동일하다는 입장이다. 데카르트와 달리 현대의 과학자 대부분은 우주에 오직 한 가지 유형의 실체가 존재하며, 그것이 바로 물질이라고 믿는다.

동물의 뇌가 보여주는 놀라운 복잡성

크리스토프 코흐는 1956년 미국 중서부에서 독일인 부모 사이에서 태어났다. 아버지가 외교관이어서 코흐는 어린 시절을 네덜란드, 독일, 캐나다, 모로코에서 보냈다. 독일 튀빙겐대학교에서 물리학과 철학을 공부했고, 막스 플랑크 연구소Max Planck Institute에서 생물물리학biophysics 박사학위를 받았다. MIT 인공지능연구소Artificial Intelligence Laboratory에서 4년을 보낸 후 1986년에는 캘리포니아공과대학교에 새로 생긴 컴퓨테이션 및 신경계 프로그램Computation and Neural Systems program에 합류했다. 그는 인지과학 분야에서 300편이 넘는 논문과 5권의 책을 썼으며, 특허도 5건 갖고 있다. 신경과학 분야의 선도적인 연구자일 뿐만 아니라 과학을 통해 대중과 소통하는 역할을 하고 있으며, 「사이언티픽 아메리칸 마인드Scientific American Mind」에 정기적으로 칼럼을 기고하고 대중 강연도 활발히 참여한다. 그가 2004년에 낸 『의식의 탐구The Quest for Consciousness』[7]는 대중 과학 저술의 훌륭한 모범이 되고 있다.

2005년에 코흐와 한 학생이 '연속 섬광 억제continuous flash suppression'[8]라는 의료 기법을 발명했다. 한쪽 눈에 고정된 이미지를 보여주면서 반대쪽 눈에 일련의 다른 이미지들을 섬광처럼 비추는 방법이다. 이렇게 하면 고정된 이미지가 뇌에 입력

되고 있음에도 그 이미지는 가시성을 잃게 된다. 즉 참가자가 더 이상 고정된 이미지를 인식하지 않게 된다는 말이다. 이 실험은 시각적 의식visual consciousness에는 단순한 시각 정보의 입력을 뛰어넘는 높은 수준의 처리 과정이 필요하다는 것을 보여준다.

크리스토프 코흐

시각적 신호 자체는 눈에 들어오는 이미지를 인식하는 데 기여하지 않는다.

이런 발견은 뇌의 뉴런 중 일부만이 의식에 관여한다는 사실과 관련되어 있을 가능성이 크다. 뉴런의 활동 중 다수가 뜨거운 난로를 만졌을 때 나타나는 반응이나 자동적으로 이루어지는 호흡 등 무의식적인 행동에만 관여한다. 뇌졸중이나 외상 때문에 소뇌를 대부분 상실한 사람이라도 의식 상실의 조짐은 거의 나타나지 않는다. 의식이 일부 뉴런과만 관련되어 있고, 다른 뉴런과는 관련이 없다는 사실은 의식이 물질에 기반한다는 또 다른 증거다.

인식awareness의 또 다른 이름은 '주의attention'이다. 우리는 매초마다 뇌로 유입되는 시각적 이미지, 소리, 냄새, 그리고 다른 감각적 입력의 폭격을 받고 있다. 대체 어떤 메커니즘이 있어서 어떤 것에는 주의를 기울이고, 나머지는 무시할 수 있는 것일까? 뇌에서 어떤 일이 일어나길래 수도꼭지에서 물 새는 소리는 무시하고, 문 두드리는 소리에는 주의를 기울일 수 있는 것일까? 1990년에 코흐와 프랜시스 크릭Francis Crick(DNA 구조의 공동 발견자)은 독일의 신경과학자 크리스토프 폰 데어 말스부르크Christoph von der Malsburg의 아이디어를 바탕으로 우리가 어떤 장면이나 소리에 주의를 기울이는 것이 뉴런의 동기화된 발화와 연관이 있다는 가설을 제안했다.[9] 주의가 의식은 아니다. 하지만 주의는 의식이 존재하기 위한 필요조건일 가능성이 높기 때문에 그 신경학적 메커니즘을 알면 의식의 물질적 기반을 이해하는 길에서 한 걸음 나아갈 수 있을 것이다.

2014년에 신경과학자 로버트 데시몬Robert Desimone과 다니엘 발다우프Daniel Baldauf는 주의에 관한 이 제안을 지지했다.[10] 이 연구자들은 얼굴과 집이라는 두 종류의 이미지를 영화 프레임이 지나가는 것처럼 빠르게 연속해서 보여주면서 얼굴에 집중하되 집은 무시하거나, 반대로 집에 집중하고 얼굴은 무시하라고 요청했다. 이 이미지들을 서로 다른 주파수로 번쩍이도록 했다. 새로운 얼굴 이미지는 2/3초마다 번쩍였고, 새로운 집의 이미지는 1/2초마다 번쩍였다. 그러고 나서 연구자들은 참가자의 머리에 헬멧처럼 생긴 장치를 씌웠다. 이

것은 뇌 속에서 일어나는 국소적인 자기장을 감지해 뇌 활성
이 일어나는 위치를 파악할 수 있는 장치였다. 이것을 뇌자도
magnetoencephalography라고 한다. 기능적 자기공명 영상functional
magnetic resonance imaging, fMRI이라는 또 다른 기법은 산소가 있
는 혈액(높은 활성)과 산소가 없는 혈액의 서로 다른 자기적 속
성을 이용해서 뇌의 활성을 측정한다.

데시몬과 발다우프는 참가자의 뇌에서 일어나는 자기 활
성과 전기 활성의 주파수를 모니터링해서 집의 이미지와 얼굴
의 이미지가 뇌의 어느 부분으로 가서 처리되는지 확인할 수 있
었다. 그들은 두 종류의 이미지가 서로 거의 겹쳐서 눈에 제시
되었음에도 불구하고 뇌의 서로 다른 장소에서 처리된다는 사
실을 발견했다. 얼굴 이미지는 얼굴 인식에 특화된 것으로 알려
진 방추형 얼굴 영역fusiform face area이라고 불리는 관자엽temporal
lobe(측두엽) 표면의 특정 영역에서 처리됐다. 그리고 집의 이미
지는 그와 이웃한 영역으로, 장소 인식에 특화된 것으로 알려
진 해마 곁 장소 영역parahippocampal place area에서 처리됐다.

더 중요한 부분이 있다. 데시몬과 발다우프가 이 두 영역
의 뇌세포(뉴런)가 서로 다르게 행동한다는 사실을 발견한 것
이다. 참가자들에게 얼굴에 집중하고 집은 무시하라고 했을
때 얼굴을 인식하는 위치에 있는 뉴런들은 합창단처럼 동시에
발화했다. 반면 집을 인식하는 위치에 있는 뉴런들은 노래를

각자 내킬 때 부르기 시작해서 불협화음을 만들어내는 사람들처럼 발화했다. 그리고 참가자에게 집에 집중하고 얼굴은 무시하라고 했을 때는 반대 현상이 일어났다. 우리가 무언가에 주의를 기울인다고 인식하는 상태는 세포 수준에서 동기화되어 발화하는 뉴런 집단에서 기원하는 것으로 보인다. 동기화된 리드미컬한 전기 활성이 다른 뉴런 집단이 만들어내는 배경 잡음을 바탕으로 도드라져 나오는 것이다.

주의력 및 뉴런의 동기화된 발화와 관련된 개념이 있다. 뉴런의 연합체들이 우리의 주의를 끌기 위해 서로 경쟁한다는 것이다. 우리는 보통 이런 경쟁을 인식하지 못한다. 하지만 그 연합체 중 하나가 다른 연합체들 위에 군림하면 우리는 그 연합체가 보내는 메시지를 인식하게 된다. 예를 들어 누군가의 이름이 기억나지 않을 때 우리는 몇 초, 혹은 몇 분이나 몇 시간 동안 그 이름을 떠올리기 위해 애쓴다. 그때 무의식에서는 수많은 뉴런 연합체들이 서로 다른 이름을 제안하고, 때로는 시각적 이미지도 함께 제안하며 경쟁을 벌인다. 그러다가 정확한 이름이 갑자기 머릿속에 떠오른다. 연합체 중 하나가 다른 연합체를 물리치고 승리를 거둔 것이다.

MIT의 맥거번 뇌 연구소McGovern Institute for Brain Research 소장인 데시몬은 우리가 의식이라는 경험을 불필요하게 신비화하고 있는지도 모른다고 생각한다. 그는 이렇게 말한다. "뇌의 구체적인 메커니즘에 대해 알아갈수록 '의식이란 무엇인가?' 라는 질문은 무의미하고 추상적인 질문 취급을 받으며 차츰 사라지게 될 것입니다."[11] 데시몬이 이해한 바와 같이 의식은 주의를 기울이는 정신적 경험에 우리가 붙인 이름에 불과하다. 우리는 이 경험을 개별 뉴런의 전기적, 화학적 활성이라는 측면에서 천천히 해부해 나가는 중이다. 그는 이런 비유를 든다. "달리는 자동차에 대해 생각해 보자. 우리는 이렇게 묻는다. 저 자동차의 운동은 어디에서 일어나고 있을까? 하지만 자동차의 엔진에 대해 이해하고, 휘발유가 점화 플러그에 의해 어떻게 점화되는지, 그리고 실린더와 기어가 어떻게 움직이는지 이해하고 나면 더 이상 그런 질문을 던지지 않을 것이다."

존재의 경이로움

나는 2021년 7월에 줌Zoom•을 통해 코흐 박사를 만났다. 당시에 우리는 각자 살고 있던 작은 섬에서 코로나 바이러스 팬데믹이 꺾이기를 바라며 시간을 보내고 있었다. 그의 섬은 태평양 연안 북서부에 있었고, 나의 섬은 메인주의 캐스코만

• 화상 회의 플랫폼의 일종.

지역에 있었다. 그의 옥외 사무실에 있는 넓은 목재 데크에는 초록색과 회색의 테라코타 화분에 심은 식물들이 늘어서 있었다. 그리고 데크는 사방으로 경사져 나무로 뒤덮인 언덕 높은 곳에 위치했다. 그날 그는 보라색 재킷을 입고, 애스컷 넥타이를 맸다. 머리는 은발이었고, 안경을 쓰고 있었으며, 다소 강한 독일식 억양으로 명확하게 말했다. 그는 물질적 뇌에 대한 자신의 임상 연구에 대해서 진지한 태도를 보여주었지만, 그와 동시에 따뜻한 인간미와 존재의 경이로움에 대해 감탄하는 모습도 보여주었다. 그는 내게 이렇게 말했다. "생명은 그 자체로 정말 신비롭습니다. 지금 보이는 이 나무들만 봐도 정말 활력이 넘치죠. 하늘은 푸르고 꽃향기도 납니다. 정말 놀라운 일이죠. 이런 것들이 항상 곁에 있으니 우리는 이것을 당연하게 여깁니다. 그러다가도 나머지 우주와 교감할 수 있는 이 아주 특별한 공간에 오면 이것이 특별하다는 생각을 하게 되죠."[12]

코흐와 그의 공동 연구자들은 연속 섬광 억제 같은 실험을 진행할 뿐 아니라 의식에 대한 이론, 그리고 의식의 성립에 필요한 요구 조건에 대한 가설도 개발하고 있다. 의식이 제시하는 1인칭/3인칭 수수께끼의 어려움에 관해서 그는 이렇게 말했다. "당신이 무언가 느끼고 있다는 사실을 제가 어떻게 알 수 있을까요? 과학자들이 항상 사용하는 방식을 이용할 수 있죠. 바로 귀납법입니다. 제가 뇌, 유전자, 진화에 대해 알고 있는 모든 것을 바탕으로 보았을 때 당신의 뇌가 저와 아주 비슷한데도 의식이 없을 가능성은 지극히 낮습니다. 아기나 마비된 사람도 마찬가지고, 개와 고양이도 마찬가지죠. 이번에는 오징어나 문어처럼 나오는 근본적으로 아주 다른 시스템에 대해 생각해 봅시다. 이런 동물의 뇌는 피질cortex(피질)도 없고, 제가 가지고 있는 뇌와는 아주 다르게 생겼죠. 그래서 귀납법을 적용하기가 어려워집니다. 단세포 동물이나 나무로 가면 거의 불가능해지죠. 그럼 이번에는 컴퓨터를 생각해 봅시다. 이 경우에는 이론이 필요해집니다. 느낌을 느끼는 시스템은 어떤 것이고, 그렇지 않은 시스템은 어떤 것인지 연역적으로 알려줄 근본적인 이론이 필요하죠."[13]

현대의 생물학과 신경과학 지식에 따라 이제 우리는 뇌의 활성이 뉴런, 그리고 뉴런들 사이의 상호작용으로부터 일어난다고 믿는다. 우리는 뉴런의 작동 방식을 대부분 이해한다. 뉴런은 세 부분으로 이루어져 있다. 세포의 DNA를 담고 있는 세포체, 다른 뉴런으로부터 전기 신호를 받아들이는 역할을 하는 가지돌기, 그리고 뉴런으로부터 가늘고 길게 튀어나와 다른 뉴런에 전기 신호를 전달하는 역할을 하는 축삭돌기다. 축삭돌기 세포막을 통해 전하를 띤 원자들이 교환되면서 축삭돌기를 따라 전기가 흐르는 것으로 이해하고 있다. 개개의 뉴런은 1/10볼트로 1/1000초 정도 지속되는 전기 방전을 방출한다.

이 전기 신호 메시지를 한 뉴런에서 다음 뉴런으로 전달하는 것은 시냅스synapse라는 뉴런과 뉴런 사이의 작은 틈을 가로지르는 신경전달물질의 흐름이다. 이 모든 것이 관찰되고 측정되고 정량화됐다.

사람의 뇌에는 1000억 개 정도의 뉴런이 있다. 뇌 영역마다 연결의 수가 다르기는 하지만, 각각의 뉴런은 1000개 정도의 다른 뉴런과 연결되어 있다. 따라서 뇌에는 100조 개 정도의 시냅스가 존재한다. 사람은 아프리카코끼리와 일부 고래를 제외하면 알려진 동물 중에서 뉴런의 숫자가 제일 많다. 해파리는 6000개 정도의 뉴런을 가지고 있고, 개미는 25만 개, 생쥐는 7100만 개, 까마귀는 약 20억 개, 고릴라는 330억 개, 고래는 1500억 개, 코끼리는 2600억 개 정도의 뉴런을 가지고 있다.

그럼 고래와 코끼리가 우리보다 더 똑똑한가? 꽤 똑똑하기는 하지만 아마도 아닐 것이다. 지능에서 가장 중요한 척도는 뉴런의 절대적인 숫자가 아니라 체중 대비 뇌의 무게다.[14] 몸집이 커지면 지능과 상관없이 몸에 분포하는 모든 신경 말단과 내부 기능을 관리하기 위해서라도 더 큰 뇌가 필요하다. 따라서 동물 간의 지능을 비교하는 더 정확한 척도는 신경해부학자들이 말하는 '대뇌화 지수encephalization quotient'이다. 이것은 특정 종의 뇌 무게를 같은 분류군taxonomic group에 속하고 전체적인 평균 체중이 비슷한 동물들의 표준 뇌 무게와 비교해서 산출한 지수다. 이 척도에 따르면 사람은 우리가 속한 분류군에서 가장 똑똑한 동물로, 체중이 비슷한 일반 포유류보다 뇌가 7.5배 더 무겁다.

복잡한 뇌 활성과 의식은 뉴런의 총 숫자뿐만 아니라 뉴런 간 연결의 숫자와도 상관관계가 있다. 이를 보여주는 증거가 있다. 사람의 뇌에서 대뇌피질cortex은 소뇌cerebellum보다 뉴런의 숫자가 적지만 그 뉴런들 사이의 연결은 훨씬 많다. 신경과학자들은 의식의 행동학적 발현과 피질에 가해지는 손상 사이의 상관관계를 관찰한 후에 의식이 소뇌보다는 대뇌피질과 훨씬 상관관계가 높다고 결론 내렸다. 소뇌는 삼키기처럼 생각 없이 이루어지는 활동을 담당하고 있고, 그 뉴런들은 대부분 서로 독립적으로 작용한다. 그와 달리 대뇌피질의 뉴런들은 자기들 사이에서 상호작용과 되먹임feedback 작용이 훨씬 많이 일어난다. 앞에서 얘기했듯이 사람은 소뇌를 상당 부분, 혹은 모두 잃어도 여전히 의식의 징후를 나타낸다. 하지만 대뇌피질의 경우는 그렇지 않다.

대뇌피질 뉴런, 그리고 뉴런들 사이의 연결로 따지면 인간은 고래와 코끼리보다 한참 앞서 있다. 하지만 사람보다 대뇌피질 뉴런이 훨씬 더 많은 동물이 하나 있다. 이름은 고래지만 사실은 돌고래의 일종인 참거두고래long-finned pilot whale이다. 대뇌피질 뉴런이 사람은 160억 개인 반면 이 동물은 340억 개로 두 배나 많다. 그럼 왜 이 돌고래가 호모 사피엔스보다 더 발전하지 못했을까? 아마도 환경을 조작하거나, 역사를 기록하고, 매뉴얼을 쓰는 등의 작업을 할 수 있는 손이 없기 때문일 것이다. 이런 예외를 제외하면 지금까지의 발견들 모두 의식의 물질적 기반을 확인하는 데 도움이 된다. 더 나아가 데시몬의 실험에서 나타나는 동기화된 발화의 경우에서 볼 수 있듯이, 더 높은 수준의 지능과 의식이 상호 의존하는 대량의 뉴런에서 등장한다는 개념도 지지해 준다.

뉴런의 숫자와 뉴런들 사이의 연결이라는 측면에서 보면 지능이 더 높은 동물의 뇌가 보여주는 복잡성은 진정 놀랍다. 가장 큰 컴퓨터 뇌 시뮬레이션은 약 200만 개 정도의 '디지털 뉴런digital neuron'을 가지고 있다. 생쥐의 뇌보다도 못한 숫자다. 숫자만 적은 것이 아니다. 이 시뮬레이션에서 각각의 뉴런은 하나의 점으로 표현된다. 그 어떤 구조나 내부 상태도 없이 기본적으로 켜져 있거나, 꺼져 있는 상태만 나타낼 수 있다. 반면 진짜 뉴런은 세포막 안팎의 전위 변동이라는 형태로 다양한 입력과 출력을 나타낸다. 그리고 각각의 뉴런이 1000개의 다른 뉴런과 연결되어 있다. 컴퓨터로 뇌를 시뮬레이션하기까지는 갈 길이 아주 멀다.

의식이 조화롭게 작동하는 대량의 뉴런에서 생겨난다

는 것은 거의 확실하지만, 개개의 뉴런은 놀라울 정도로 특화된 활성을 나타낼 수 있다. 개별 뉴런의 행동은 염화칼륨이 채워진 작은 유리 튜브를 삽입해서 측정할 수 있다. 염화칼륨은 뉴런의 전기 출력에 반응하는 액체다. 할머니 뉴런grandmother neuron이라고 불리는 일부 뉴런은 특정 인물의 이미지에만 반응한다(물론 이 이미지는 눈이 본 다음 뇌로 전달한 이미지다).

각각의 이미지에 대한 특정 뉴런의 전기 활성을 나타낸 그래프. 가로축은 1000밀리초(msec), 세로축은 25스파이크/초(spikes/sec)를 나타낸다.

위의 그림은 살아 있는 환자의 뇌 속에 들어 있는 특정 뉴런의 전기 활성을 보여준다. 이 뉴런은 미국의 전직 대통령 빌 클린턴Bill Clinton의 사진이나 그림에만 반응하고 다른 사람에게는 반응하지 않는다. 참가자에게 보여준 그림 밑으로 그 뉴런의 전기 활성이 나타나 있다. 첫 번째 줄에서 볼 수 있듯이 클린턴이 아닌 사람, 토끼, 얼굴이 아닌 대상의 사진에는 거의 반응하지 않는다. 두 번째 줄을 보면 이 뉴런이 클린턴의 캐리커처나 인물 사진, 단체 사진에는 활발하게 반응하지만, 클린턴이 아닌 얼굴에는 거의 반응하지 않는 것을 알 수 있다. 세 번째 줄은 이 뉴런이 추상적인 디자인이나 건물에 거의 반응하지 않는 것을 보여준다. 빌 클린턴의 얼굴을 부호화한 정보를 처리하려면 분명 하나의 뉴런으로는 어림없고, 아마도 뉴런 집단이 필요할 것이다. 하지만 그 집단에 포함된 개별 단위들은 모두 대단히 선택적이고 특화된 활성을 보여준다.

우리 마음속의 지도

코흐는 30대 초반 젊은 연구자였을 때 유명한 분자생물학자 프랜시스 크릭과 의식을 이해하기 위한 공동 연구를 시작했다. 이들은 의식을 만들어내는 데 필요한 최소한의 뇌 속성을 목록으로 작성했다. 코흐와 크릭은 주관적인 경험, 자아감 sense of self, 의식의 고차원적 측면을 설명하려 시도하지는 않았다. 그보다는 의식의 여러 측면 중 딱 하나, 시각적 인식에 필요한 신경학적 요구사항을 밝히는 좀 더 소박한 접근 방식을 취했다. 예를 들어 우리 눈에 개가 들어오면 뇌 안에서 어떤 일이 일어나길래 우리가 그 시각적 입력을 '개'라는 개념과 연관 짓게 되는 것일까? 이런 과정에 관여하는 최소한의 뉴런 집단을 코흐와 크릭은 '의식의 신경상관물neural correlates of consciousness, NCC'[15]이라고 불렀다. 그 목록은 다음과 같다.

- 신경 복잡성(10만 개 이상의 뉴런)
- 고도로 통합된 분산 신경계
- 다양한 유형의 수많은 뉴런과 서로 다른 뇌 영역들
- 뇌에 정보를 입력하는 감각기관
- 정신 지도mental map(이것이 있으면 길을 인도해 줄 감각 자극이 없을 때도 공간을 탐색할 수 있다); 바깥세상을 지도화하도록 배열된 뉴런들
- 뉴런과 뉴런 간의 상호작용이 존재하는 신경 계층 구조
- 상호 뉴런 간에 이루어지는 수많은 비선형 연결
- 선택적 주의selective attention의 메커니즘
- 기억 저장 능력

지구에 사는 동물 중 척추동물, 절지동물, 두족류 연체동물(문어, 오징어, 갑오징어) 등이 이런 의식의 신경상관물을 빠짐없이 갖추고 있다.

코흐와 크릭이 세운 목표는 소박했지만, 이들이 제시한 의식의 신경상관물은 단순한 시각적 인식을 넘어 의식의 더 높은 수준에도 적용될 수 있다. 1인칭 '나'로서의 자기 인식과 주변 세계와 분리된 존재로서의 자기 인식은 모두 더 높은 수준의 의식과 연관된 특성 중 하나다. 따라서 바깥세상에 대한 정신 지도가 의식의 신경상관물 중 하나여야 한다. 여기에는 현재와 가까운 미래 모두에서 시간과 공간상의 자기 위치에 대해 인식하는 것이 포함된다.

1970년에 영국계 미국인 신경과학자 겸 심리학자 존 오키프John O'Keefe는 뇌의 해마에서 동물이 특정 장소에 있을 때 발화하는 특정한 세포를 발견했다.[16] 요즘에는 이것을 장소 세포place cell라고 부른다. 오키프는 장소 세포가 실제로 바깥세상에 대한 물리적 지도를 나타내는 것일지도 모른다는 가설을 세웠다. 그러다가 2005년에 노르웨이의 신경과학자 부부 에드바르 모세르Edvard Moser와 마이브리트 모세르May-Britt Moser가 내후각피질entorhinal cortex에서 지금은 격자 세포grid cell라 부르는 세포 집단을 발견했다.[17] 이 세포들이 공간 속에서 몸의 위치, 거리, 방향에 관한 정보를 통합하는 것으로 보였다. 쥐의 뇌에 전

극을 부착한 후에 쥐가 열린 공간에서 여기저기 움직일 때 어느 뉴런이 발화하는지 확인함으로써 이 두 과학자는 쥐가 특정 위치에 있을 때만 뉴런이 발화하며, 이런 위치들이 공간 속에서 정삼각형 형태를 그리며 배열된다는 것을 발견했다. 따라서 이 세포들의 작용과 동물의 공간 속 위치 사이에 정교한 연결 관계가 존재하는 것으로 보인다. 장소 세포가 뇌의 지도라면, 격자 세포는 뇌의 좌표계라고 할 수 있다.

격자 세포가 손상된 사람에 대해 생각해 보면 세상에 대한 정신 지도가 의식의 신경상관물과 관련이 있음을 뒷받침하는 추가 증거가 나온다. 노년층이 공간 탐색에 어려움을 느끼는 것은 오래전부터 알려진 사실이다.[18] 이런 문제는 알츠하이머병 환자에게서 가장 분명하게 드러난다. 알츠하이머병을 앓는 환자들은 익숙한 자기 동네에서도 길을 잃는다. UCLA의 신경과학자 마티아스 스탱글Matthias Stangl과 다른 연구자들은 최근에 fMRI 기법을 이용해서 노년층 성인에게서 나타나는 격자 세포 활성이 젊은 성인에 비해 유의미하게 줄어들었다는 것을 알아냈다.

이런 고려 사항들 모두 의식이 뉴런의 무리와 그 뉴런들 사이의 연결에서 창발적으로 출현하는 것이라는 사실을 뒷받침해 준다. 코흐는 『의식의 탐구』에서 이렇게 적었다. "의식의 물질적 기반을 이해하려면 생소하거나 새로운 물리학이 필요한 것이 아니라, 이질적인 다수의 뉴런들이 고도로 상호 연결되어 있는 네트워크가 어떻게 작동하는지에 관해 더욱 깊이 이해해야 한다."[19]

물질적 뇌에서 어떻게 의식이 출현하는지 이해하려 할 때 중요한 전략이 있다. 의식의 외부 발현, 즉 '의식의 행동상관물behavioral correlates of consciousness, BCC'이 무엇인지 확인하고, 이 의식의 행동상관물이 외상(낙상 및 교통사고 등), 병소, 뇌종양, 뇌졸중 등의 뇌 손상이 있는 사람에게서 어떻게 달라지는지 보는 것이다. 더 나아가 하등동물에게서 의식의 행동상관물을 찾아서 의식의 행동상관물이 거쳐온 진화의 역사를 추적해 볼 수도 있을 것이다.

의식의 외부 발현으로는 자아감, 뚜렷한 개성, 기억, 미래를 상상하고 미리 계획할 수 있는 능력, 자신의 죽음에 대한 인식, 유희의 감각sense of play, 문제 해결 능력 등이 있다. 이런 속성 중에서 문제 해결 능력 같은 것은 전반적으로 높은 지능과 관련이 있을 수 있다.

정신과 의사, 심리학자, 신경과학자들은 뇌 손상이 있는 환자를 대상으로 자기 인식과 기능 능력의 정도를 측정하기 위해 설문조사를 개발했다. 이 설문조사는 환자, 환자의 가족, 환자를 지켜보는 임상의 이렇게 세 집단을 대상으로 진행되었다. 베일러의과대학의 마크 셰어Mark Sherer와 휴스턴의 텍사스

대학교 맥거번의과대학에서 개발한 설문지에는 다음과 같은 질문이 포함되어 있다.

- 부상을 당하기 전과 비교할 때 지금 환자가 사람들과 얼마나 잘 어울립니까?
- 부상을 당하기 전과 비교할 때 지금 환자가 사고 능력과 기억 능력 테스트에서 얼마나 좋은 점수를 받습니까?
- 부상을 당하기 전과 비교할 때 지금 환자가 시간과 날짜, 그리고 자신의 현재 위치를 얼마나 잘 파악합니까?
- 부상을 당하기 전과 비교할 때 지금 환자가 얼마나 잘 집중합니까?
- 부상을 당하기 전과 비교할 때 지금 환자가 자신의 생각을 남들에게 얼마나 잘 표현합니까?
- 부상을 당하기 전과 비교할 때 지금 환자가 근래에 있었던 일을 얼마나 잘 기억합니까?
- 부상을 당하기 전과 비교할 때 지금 환자가 계획을 얼마나 잘 세웁니까?[20]

놀랄 일도 아니지만 이런 연구에서 나온 결과를 보면 가족이나 임상의가 평가한 점수는 낮은데 환자 자신이 평가한 점수는 그리 낮지 않다.[21] 환자는 자기 인식을 상실하고도 정작 그 사실을 분명하게 느끼지 못하는 것이 틀림없다. 자신에게 인식이 결여되었음을 인식하기 위해서는 뇌 손상에 영향을 받지 않고 이것을 감시할 수 있는 의식의 또 다른 부분이 필요하다. 뇌 손상 환자가 능력 상실에 대해 방어적인 자세를 취해서 자신의 정신적 능력을 과대평가하는 것일 수도 있다. 자가보고는 언제나 분석하기 까다로운 작업이다. 따라서 여기서 가장 신뢰할 수 있는 것은 가족과 임상의의 보고다.

자서전적 기억은 몇 가지 이유로 자기정체성self-identity과 자기 인식에서 중요한 특성이다.[22] 자신이 누구인가에 대한 감각 중 일부는 저장된 기억, 즉 과거에 있었던 사건 속에서 체화된다. 그리고 일부는 현재 이루어지는 사회적 상호작용에서 비롯된다. 이런 상호작용은 자서전적 기억에 크게 영향을 받는다. 당신이 낯선 사람들이 여는 칵테일 파티에 가는데 당신의 과거에 대해서는 한마디도 할 수 없다고 상상해 보자. 그럼 낯선 이들이 당신에 대해 알 수 있는 것은 당신이 입고 있는 옷, 당신의 외모, 현재 일어나는 일에 대해 당신이 알고 있는 내용, 대화를 이끌어가는 능력 등 지금 당장의 모습밖에 없다. 대부분의 사람은 이런 경험을 어려워한다. 불편할 뿐만 아니라 불만족스럽기도 할 것이다.

뇌 손상이나 치매에 의해 자서전적 기억이 약해진다는 것이 수많은 연구에서 드러났다. 예를 들어 기억력과 사고 능력을 파괴하는 알츠하이머병을 생각해 보자. 알츠하이머병 환자의 뇌를 부검해 보면 뇌세포 주변으로 아밀로이드amyloid라는 단백질이 침착되고, 뇌세포의 엉킴을 일으키는 타우tau라는 단백질의 신경반이 생긴 것을 알 수 있다. 연구자들은 뇌세포가 알츠하이머병의 영향을 받으면서 뉴런들 사이에서 신호를 전달하는 아세틸콜린acetylcholin 같은 화학 신경전달물질도 감소한다는 사실을 밝혀냈다. 이런 연구 결과는 기억력(그리고 그와 관련된 의식)과 물리적 뇌 사이에 명확한 상관관계가 있음을 보여줄 뿐 아니라, 의식과 고등 지능 전반에서 결정적인 역할을 하는 뉴런 간의 소통이 얼마나 중요한지 잘 보여준다.

치매 초기 단계라서 자신의 상황을 제대로 표현할 인지능력이 충분히 남아 있는 사람들의 얘기를 들어보면 그들의 가슴 아픈 경험을 엿볼 수 있다. 여기 태즈메이니아 출신 레오의 이야기를 들어보자.

어느 날 병원에서 수술을 마치고 나오는데 제 차를 찾을 수 없었습니다. 내가 어디 있는 건지도 알 수 없었죠. 결국 집을 찾아 돌아오기는 했습니다. … 저는 평생을 독립적인 사람으로 살았습니다. 하지만 지금은 어떤 결정을 내리든 제 아내 엘리에게 의존해야 합니다. 이 상황이 무척 힘들게 느껴집니다. 같은 말이라도 언제, 어떤 방식으

로 말하느냐가 굉장히 중요한데, 지금은 말을 꺼내야 할
적절한 시점을 잃어버렸어요. 지금 당장 말하지 않으면
잊어버리니까요. 사람들이 제 삶에서 사라졌습니다. 마
치 이혼을 겪는 것 같아요. 제가 바보처럼 보일까 봐 두렵
습니다.[23]

물론 꼭 뇌에 외상을 입거나 뇌졸중을 겪은 사람을 연
구하지 않아도 물질적인 뇌와 달라진 의식 상태가 서로 연관
되어 있음을 확인할 수 있다. 우리는 알코올, 프로작Prozec,[*]
리탈린Ritalin,[**] 마리화나, 코카인, MDMA,[***] 실로시빈
psilocybin,[****] LSD 등의 향정신성 약물을 자발적으로 이용해
서 뇌의 상태를 변화시키고, 그에 따라오는 의식 상태의 변화
를 경험한다. 예를 들어 LSD는 신경전달물질인 세로토닌과 작
용하는 세로토닌 수용체serotonin receptor에 달라붙어 뉴런의 상
호 소통 방식을 변화시키는 것으로 알려져 있다.[24] 엘 차로 로
코El Charro Loco라는 가명을 사용하는 사람은 LSD를 복용한 후
의 경험을 다음과 같이 설명했다.

- [*] 항우울제의 일종.
- [**] 정신흥분제의 일종.
- [***] 마약의 일종인 엑스터시.
- [****] 버섯에서 나오는 환각제.

난데없이 생각과 현실 사이의 연결이 끊어졌다. 나는 더 이상 현재에 신경을 쓰지 않았고, 내 의식이 다른 곳으로 쏠리는 것 같았지만, 그것이 무엇인지는 알 수 없었다. 이 경험을 그대로 놓치고 싶지 않아서 밥을 먹다 말고 이것을 기록으로 남기기 위해 컴퓨터 앞에 앉았다.

마치 내가 지하실에 가두어놓았던 무언가가 올라오는 것처럼, 내가 한동안 경험해 보지 못했던 현실 지각에 얽혀 들어가고 있다는 것이 천천히 느껴진다. 이 느낌은 황홀함도 분노도 아니다. 이 안에 공격적인 것은 무엇도 들어 있지 않다. 이것은 어린 시절에 자랐던 집으로 돌아가서 한동안 접할 기회가 없었던 생각, 행동, 기억 등을 끄집어내는 것과 비슷하다. 시각적 현실이 크게 왜곡된다. 환각이 시작되고 있다. … 소리의 파동이 허공에서 색깔과 합쳐지고, 방 전체의 공기가 엄마 품에 안긴 아기처럼 아주 매끄럽고 기분 좋게 흔들린다. 지금 내 정신은 이전과 똑같은 장소에 있지 않다. …. 이 글을 타이핑하는 동안 약간의 전율이 내 몸을 관통한다. 나는 몇 시간 전의 내가 아니다. 적어도 정신적인 면에서는 그렇다. 내 머릿속에 있는 골리앗들이 끝없이 춤을 추는 멜로디 속에서 오른쪽에서 왼쪽으로 이동하며 권력을 차지하기 위해 싸우고 있다. 리드미컬한 소리와 멜로디가 내 머리 뒤쪽에서 텅

빈 홀에 울려 퍼지는 메아리처럼 공명하고 있다.[25]

분명 엘 차로 로코는 컴퓨터 앞에 앉아 자신의 경험을 기록으로 남길 수 있을 정도로 충분한 자기 인식이 있었다. '나'라는 대명사를 사용한 것을 봐도 알 수 있다. 하지만 시간과 공간뿐만 아니라 그에 대한 기억도 왜곡되어 있다.

의식의 출현 과정

사람의 뇌에서 의식이 출현하는 것을 탐구하는 한 가지 방법은 다른 동물에게서 나타나는 의식의 행동상관물을 연구해서 뇌의 능력 증가에 따른 의식의 차등적 출현을 지도로 작성하는 것이다. 사람이 아닌 동물도 사람처럼 의식적 경험을 한다는 것은 거의 분명하다. 자연에서 모 아니면 도 식으로 작동하는 것은 거의 없으며, 항상 어떤 연속성이 존재한다. 사람과 거의 비슷한 수의 피질 뉴런을 갖고 있는 돌고래(참거두고래의 피질 뉴런은 사실 사람보다도 많다)도 자기 인식과 놀이의 징후를 분명하게 보여준다.[26] 돌고래의 자기 인식 능력을 입증해 보인 실험에서 연구자는 돌고래가 있는 수조 안에 거울을 갖다 놓았다. 돌고래는 거울을 잠시 바라보다가 다른 곳으로 헤엄쳐

갔다. 그다음에는 돌고래의 몸에 표시를 해놓았다. 그랬더니 돌고래가 거울에 비친 자신의 모습을 더 오랫동안 지켜봤다. 분명 자기 몸에 어떤 변화가 생겼음을 알아차린 것으로 보인다.

넓은 공해에 사는 돌고래들은 대형 선박이 다가오면 하던 일을 멈추고 뱃머리에 생기는 파도를 타고 논다. 나는 몇 년 전 에게해에서 항해를 한 적이 있다. 그런데 돌고래 한 마리가 우리와 나란히 헤엄치기만 한 것이 아니라 마치 투석기로 쏘아 올린 돌처럼 선미 위로 박차고 날아올랐다. 분명 재미있게 놀고 있는 모습이었다. 원숭이도 놀이를 한다. 새끼 원숭이들은 서로를 쫓고, 매달려 있는 끈을 손으로 건드린다. 바다사자는 서로에게 막대기를 던지며 논다. 유튜브에 올라온 한 재미있는 동영상에서는 어린 까마귀들의 일상을 몇 분간 보여준다.[27] 처음에 까마귀들은 지루해 보인다. 그러다가 그중 한 마리가 나무 아래로 길게 뻗은 가지를 발견하고 그곳으로 날아가 발톱으로 가지를 움켜잡는다. 그리고 앞뒤로 흔들기 시작한다. 그것으로 얻는 성과는 없다. 하지만 나머지 까마귀들도 자기 친구가 얼마나 재미있게 놀고 있는지 알아차리고 다가와 합류한다. 그리고 차례로 그 나뭇가지에 매달린다.

문제 해결 능력은 분명 지능과 관련되어 있고, 아마 높은 수준의 의식과도 관련이 있을 것이다. 까마귀과 동물(까마귀, 큰까마귀, 어치, 까치)의 뇌는 크기는 작지만 다른 동물보다 뉴런이 훨씬 조밀하게 밀집되어 있다. 그래서 이 새들은 그 작은 머리 속에 일부 원숭이만큼이나 많은 뉴런을 가지고 있다. 그리고 그것을 증명하는 듯한 행동을 보여준다. 2021년 2월에 게시된 한 편의 동영상에서 브란이라는 이름의 큰까마귀가 고기 간식이 들어 있는 상자와 마주친다.[28] 그 간식을 먹으려면 큰까마귀는 정해진 순서대로 일련의 과제를 수행해야 한다. (1) 상자 앞에 놓인 공을 옆으로 밀어낸다. (2) 상자의 출입구를 잠그고 있는 세 개의 수평 막대기를 빼낸다. (3) 상자의 문을 잠그고 있는 걸쇠를 떨어뜨린다. (4) 끈으로 문을 연다. (5) 상자 안으로 머리를 뻗어 고기 간식에 매달려 있는 또 다른 끈을 잡아당긴다. 브란은 이 모든 과제를 훌륭하게 완수했다.

침팬지 실험에서도 그들이 정보를 수집하고 그 정보를 바탕으로 판단을 내릴 수 있다는 것이 확인됐다. 조지아주립대학교의 신경과학자 겸 심리학자 마이클 베런Michael Beran과 그 동료들은 키보드에서 익숙한 항목의 그림을 선택하도록 이미 훈련이 되어 있는 침팬지를 데리고 다음과 같은 실험을 진행했다.[29] 불투명한 그릇 안에 특정한 먹이를 담는데, 그 모습을 침팬지에게 보여주는 경우도 있고, 안 보여주는 경우도 있다. 그다음에는 침팬지가 키보드에서 그 먹이의 이름을 맞히면 상을 주었다. 그릇 안에 어떤 먹이를 담는지 보지 못한 경우, 침팬지는 먼저 그릇으로 가서 내용물을 확인한 다음 키보드 위에서 해당 항목을 선택했다. 반면 그릇에 먹이를 넣는 모습을 이미 관찰한 경우에는 내부를 들여다보지 않고 키보드에서 항목을 선택했다.

죽음에 대한 인식은 높은 수준의 의식과 지능을 갖추고 있다는 신호로 보인다. 여기서 죽음을 인식한다는 것은 그냥 아픈 동물이 죽으려고 구석진 곳으로 간다는 의미가 아니라, 사회적 맥락 안에서 죽음에 대해 인식하는 것을 말한다. 영국 스털링대학교 심리학과에 있는 제임스 앤더슨James Anderson과 그 동료들은 집단 내에서 연장자에 해당하는 암컷 침팬지 팬지Pansy가 말기 질병에 걸려 죽어가는 동안 그 원숭이 집단의 행동을 동영상으로 촬영했다.[30] 팬지가 바닥에 누워 힘들게 호흡하자 다른 침팬지 두 마리가 팬지를 쓰다듬고 털 손질을 한다. 그리고 세 번째 침팬지는 팬지의 팔을 잡고 흔들었다. 그 침팬지 중 한 마리가 팬지의 손을 쓰다듬었다. 팬지가 죽음을 암시하는 마지막 경련을 일으키자 수컷 침팬지 한 마리가 공중으로 뛰어올라 팬지의 몸통을 두드리고는 달아났다. 팬지의 딸 로지는 밤새도록 죽은 엄마의 시신 옆에서 자리를 지켰다. 다음 날 보니 다른 침팬지들의 분위기가 크게 가라앉아 있었다.

이 모든 사례를 검토해 보면 사람이 아닌 동물에게서도 다양한 수준의 의식이 존재하는 것으로 보인다. 더 높은 수준의 의식이 생겨나기 위해서는 아마도 환경을 조작하고, 역사와 정보를 기록하고, 그 정보를 후대에 물려줄 수 있는 능력이 필요할 것이다. 이런 행동을 위해서는 손재주가 필요할지도 모른다. 동물이 높은 지능을 가지고 있더라도 세상을 조작하거나 대량의 정보를 기록할 수 없다면 바깥세상과 자기 자신에 대한 지각이 크게 줄어들게 된다.

정신과 의사이자 신경학자인 토드 파인버그Todd Feinberg와 생물학자 존 말럿Jon Mallatt은 의식의 신경상관물이 척추동물, 절지동물(곤충), 두족류(오징어, 문어 등)에 국한된다고 주장한다.[31] 그렇다면 지구 생명의 역사 중 원시적인 형태의 의식이 언제 처음 출현했는지에 대한 가설을 세울 수 있다. 그 시기는 5억 4000만 년 전에서 5억 년 전 사이로 추정된다. 소위 캄브리아기 대폭발에 해당하는 이 시기의 바위에서 이런 동물들의 초기 화석이 발견됐다. 생명의 진화에서 이렇게 꽤 급격한 발전이 이루어진 이유는 최초의 포식 동물이 등장했기 때문일 것이다. 이 최초의 포식 동물은 아노말로카리디드anomalocaridids라는 이상하게 생긴 해양 동물로, 입 근처에 먹이를 움켜잡을 수 있는 한 쌍의 팔을 갖고 있고 시력이 뛰어났다. 포식자의 등장으로 다른 동물들은 방어 메커니즘을 적응시켜야 했고, 그러기 위해서는 공간 속에서 자신의 위치를 신속하고 정확하게 인식하는 능력, 미리 예측하고 계획을 수립하는 능력 등이 필요했을 것이다. 다윈주의적 자연선택에 의해 그런 적응 능력을 가진 동물이 선별됐을 것이다.

동물에게서 지능의 차등화가 보이는 것처럼 의식에도 차등화가 존재할 것이다. 쥐는 까마귀와 달리 자기 인식이 없고, 까마귀는 아마도 사람과 같은 수준의 자기 인식은 없을 것이다. 의식의 수준은 다음과 같이 단계별로 나눠볼 수 있다.

- **초기 생명체 → 1단계 의식 → 2단계 의식 → 사람의 의식**

  초기 생명체: 생명체의 최소 요구 조건을 충족(예: 미생물)

  1단계 의식: 더 복잡한 시스템에 해당하지만 항상 반응 모드reactive mode로 행동(예: 선충)

  2단계 의식: 자기 인식, 죽음에 대한 인식, 놀이 탐닉, 문제 해결 능력, 예측 능력 등의 징후를 보이는 더 높은 수준의 지능(예: 개, 돌고래, 침팬지, 까마귀)

  사람의 의식: 예술 및 과학의 창조, 예측 능력, 고도의 환경 조작 능력 등 훨씬 높은 수준의 지능

다른 동물에게서 나타나는 의식의 수준, 그리고 그와 관련된 뇌 능력의 진화 역사를 파악하고 나면 의식이 물질적 뇌

에 뿌리를 두고 있다는 개념이 더욱 확실해진다. 그리고 인간의 뇌와 그 능력이 다른 동물과 질적으로 다른 것이 아니라는 개념 또한 확실해진다.

의식적 경험의 특성

위스콘신대학교 의식과학Consciousness Science 분야의 석좌교수인 이탈리아계 미국인 신경과학자 줄리오 토노니Giulio Tononi는 2004년에 '통합 정보 이론integrated information theory'[32]이라는 수학적 의식 이론을 개척했다. 그 후 토노니는 코흐와의 공동 연구를 통해 이 이론을 더욱 발전시켰다. 코흐의 의식의 신경 상관물 프로그램이 뇌에서 시작하는 것과 달리 통합 정보 이론은 의식이라는 경험에서 시작해 그런 경험이 갖고 있는 본질적인 특성을 분류하고, 이어서 그런 특성을 만들어내는 데 필요한 수학적 구조와 물질 구조를 탐구한다.

이런 사고방식에 따르면 의식에 반드시 생물학적 뉴런이 필요한 것은 아니다. 의식은 적절한 구조를 가지고 있기만 하면 컴퓨터를 비롯한 어떤 물리계에서도 출현할 수 있다. 코흐는 이렇게 말한다. "뉴로모픽 뇌neuromorphic brain•를 구축한다면, … 그러니까 축삭돌기 대신 구리, 뉴런 대신 트랜지스터가 들어간 뇌를 만든다면, 그리고 사람의 뇌와 동일한 인과 레퍼토리를 갖게 된다면 그 존재는 실제로 의식을 갖게 될 겁니다."[33] 하지만 통합 정보 이론에 따르더라도 의식에는 행동하고 변화를 만들어낼 수 있는 물리적 구조가 필요하다.

토노니와 코흐는 의식적 경험의 다섯 가지 특성을 제안했다. (1) 사물은 자신의 관점에서 존재한다. (2) 각각의 경험은 여러 가지 구분으로 이루어진다. 예를 들어 탁자 위에 놓여 있는 파란 책의 이미지는 책, 그리고 그것이 파란색이라는 사실을 모두 포함한다. (3) 각각의 경험은 독특하며 다른 모든 경험과 다르다. (4) 각각의 경험은 하나의 통합된 전체로 존재하며 부분으로 환원할 수 없다. (5) 각각의 경험은 명확하며 특정한 속도로 흐른다.

토노니와 코흐에 따르면 의식을 갖춘 존재의 핵심 구조는 상호 연결된 인과관계 속에서 쌍방으로 서로에게 작용하며, 그 상호작용 속에서 스스로를 수정하고 변화시킬 수 있는 요소들의 집합이다. 이 이론에서 이 요소들이 양방향으로 서로에게 작용할 수 있다는 것이 대단히 중요하다(A가 B에게 정보를 전달할 수 있고, B가 A에게 정보를 전달할 수 있다). 이런 양방향 상

• 뉴로모픽은 뇌 속 뉴런의 형태를 모방해서 만든 회로로 인간의 뇌 기능을 모사하는 공학을 말한다.

호작용은 요소들이 한 방향으로만 작용할 수 있는 시스템(순방향 네트워크feed forward network)과 크게 대비된다.

순방향 네트워크의 한 가지 사례는 사람들이 나란히 서서 하는 귓속말 전달 게임이다. 첫 번째 사람이 무언가를 두 번째 사람의 귀에 속삭이면, 두 번째 사람은 자기가 들은 말을 세 번째 사람에게 속삭이고, 이 사람이 다시 네 번째 사람에게 속삭이는 식으로 계속 이어진다. 여기서는 정보가 한 방향으로만 흐른다. 통합 정보 이론에 따르면 의식이 성립하기 위해서는 시스템에 속하는 모든 부분이 다른 모든 부분에 영향을 미치고, 또 영향을 받을 수 있어야 한다. 토노니와 코흐는 더 나아가 Φ로 표시되는 의식의 수량적 척도를 개발했다. 이 수치는 상호작용하는 요소의 수, 그리고 그 요소들 사이의 인과적 연결의 수를 따지는 측정치다. 이 측정치에 따르면, 고도의 의식을 갖춘 시스템을 부분으로 나누면 그 시스템의 인과 구조도 크게 줄어든다.

토노니와 코흐가 정의한 의식과 생명 사이의 관계는 흥미로운 질문거리다. 생물학자들은 생명을 외부 세계와 구분해 주는 일종의 막을 가지고 있고, 번식할 수 있고, 에너지 자원을 이용할 수 있으며, 진화할 수 있는 존재라 정의한다. 물론 이런 생명의 특성에는 작위적인 부분이 존재한다. 바이러스는 스스로 번식하는 능력을 뺀 나머지 특성을 모두 가지고 있다.

미래에는 이런 특성을 모두는 아니지만 일부는 갖고 있는 존재를 찾게 될지도 모른다. 생물과 무생물을 나누는 경계선이 그렇게 뚜렷하지 않을 수도 있다.

토노니와 코흐의 관점에 따르면 생물학적인 의미에서는 살아 있지 않지만 의식을 갖춘 존재가 있을 수도 있다. 예를 들면 스스로 행동하며 변화를 만들어내고, 바깥세상과 소통하지만, 스스로 에너지 자원을 활용할 수는 없어서 벽면 콘센트에 플러그를 꽂아야 작동할 수 있는 첨단 컴퓨터가 있을 수 있다. 반면 우리가 보기에는 분명 살아 있지만 의식이 없는 존재도 있을 수 있다. 혼수상태에 빠진 사람이 그 예다. 코흐는 이렇게 말했다. "의식과 생명 사이에는 양방향으로 단절이 일어날 수 있습니다. 미국 여성인 테리 샤이보Terri Schiavo처럼 혼수상태나 식물인간 상태에 있는 환자들의 경우, 엄밀하게 따지면 의식은 없지만 그래도 살아 있음을 알 수 있습니다. 따라서 의식 없이도 생명이 있을 수 있고, 생명 없이도 의식이 있을 수 있죠."[34] 깊은 잠도 의식 없이 생명이 존재하는 또 하나의 사례일 수 있다.

거대한 네트워크가 만드는 자연의 신비

충분히 복잡한 시스템은 살아 있지 않아도 의식의 모든 속성을 가질 수 있다는 것이 합리적인 추론으로 들린다. 하지만 사람이나 돌고래의 경우와 마찬가지로 다른 의식적 존재는 특정 시스템이 되는 것이 어떤 느낌인지 결코 알 수 없을지도 모른다. 1인칭/3인칭 구분은 결코 이어질 수 없는 간극일 수 있다. (개인적으로는 컴퓨터가 되면 어떤 기분일지 무척 알고 싶다.) 그럼에도 우리는 의식의 행동상관물이 물질적 뇌와 직접 연관될 수 있음을 확인했다. 더 나아가 사람이 아닌 동물에게서 그런 발현을 일부 찾아냈고, 심지어 의식이 없는 생명체가 사람의 뇌로 이어져 온 진화의 경로도 제안할 수 있었다.

1인칭/3인칭 구분을 뛰어넘을 수 없으며, 의식을 갖춘 어떤 존재나 대상이 되는 것이 어떤 느낌인지 객관적으로 표현할 수도 없다고 하지만, 적어도 어떻게 수십억 개의 물질적 뉴런이 모여서 의식처럼 복잡하고 질적으로 새로운 대상을 만들어내는지는 이해할 수 있지 않을까? 거기에 대한 대답은 '그렇다'이다. 그리고 이 대답은 창발 현상에 대한 연구에서 나온다. 창발 혹은 창발주의emergentism란 여러 개의 부분으로 이루어진 복잡한 시스템에서 개개의 부분에 대한 이해로는 분명하게 드러나거나 예측되지 않는 집단적 행동이 나타나는 것을 말한다. 창발주의에 대한 현대적인 이해는 영국의 철학자 존 스튜어트 밀John Stuart Mill로 거슬러 올라간다.[35] 그는 본질적으로 복잡한 시스템은 그 부분의 합보다 크다고 말했다. 밀은 물을 그 예로 들었다. 물은 산소 원자와 수소 원자가 화학적으로 결합해서 만들어진 분자지만, 자기를 만들어낸 두 물질과 완전히 다른 속성을 가진 제3의 물질이다.

수십억 개의 뉴런과 그 사이의 수조 개의 연결로 이루어진 까마귀, 돌고래, 사람의 뇌는 우리가 알고 있는 그 어떤 자연현상보다도 복잡하다. 사람의 뇌는 250만 기가바이트의 정보를 저장할 수 있는 것으로 추정된다.[36] 이는 2021년 기준으로 지구에서 만들어진 가장 큰 컴퓨터가 저장할 수 있는 데이터의 약 15배에 달한다. 하지만 그저 뉴런의 개수만 뇌의 복잡성에 기여하는 것은 아니다. 각각의 뉴런은 수천 개의 다른 뉴런과 연결되어 있고, 이 거대한 연결의 네트워크가 결국 장엄한 창발 현상으로 이어지는 것이다.

『의식의 탐구』를 시작하면서 코흐는 이렇게 적었다. "뉴런 무리가 환경과의 상호작용과 자신의 내부 활동을 통해 학습할 수 있는 능력은 일상적으로 과소평가되고 있다. 개개의 뉴런 자체도 독특한 형태적 특성과 수천 개의 입출력을 가지고 있는 복잡한 실체다. … 인간은 그런 거대한 조직을 경험해 본 적이 거의 없다."[37]

창발 현상에 대해 전반적으로 더 잘 이해할 수 있게 몇 가지 사례를 살펴보자.

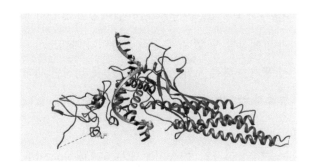

STAT3 단백질의 접힘 현상을 나타낸 그림

- 단백질 접힘: 단백질은 전기력을 통해 다른 대사 분자와 상호작용하고, 그 전기력은 다시 단백질의 3차원 구조에 따라 달라진다. 단백질은 기본적으로 수백 개에서 수천 개의 아미노산으로 구성되며, 처음에는 특정 서열을 따라 1차원의 선처럼 만들어진다. 하지만 단백질이 만들어지는 과정에서 그 안에 들어 있는 수천 개의 아미노산 조각에서 나오는 전기력이 단백질을 비틀고 접어 3차원 형태로 만든다. 단백질의 최종 구조는 단백질의 분자 환경에 따라서도 달라질 수 있다. 위 그림은 STAT3라는 이름의 단백질을 도해한 것이다. 이 단백질은 770개 정도

의 아미노산으로 이루어져 있다. STAT3 단백질은 모두 빠짐없이 이런 복잡한 형태를 띠고 있다. 우리는 STAT3 를 이루고 있는 각각의 아미노산의 구조를 이해하고 있지만, 이 부분들만으로는 접힌 단백질의 복잡한 형태를 미리 예상할 수 없다. 유전적 결함이나 아미노산 서열에서 생기는 다른 오류로 단백질이 잘못 접히면 제대로 기능하지 않으며, 질병이나 사망의 원인이 될 수 있다.

• 눈송이의 디자인: 눈송이는 모두 6면 대칭을 이루고 있지만 그 패턴은 어마어마하게 다양하다. 이런 대칭성은 수소 원자가 산소 원자에서 튀어나오는 각도가 거의 120도라서 생기는 것이라 믿고 있다. 하지만 각 눈송이의 특정한 형태는 아주 복잡한 과정을 통해 결정된다. 새로 만들어지는 눈송이가 대기를 뚫고 떨어지는 동안 무작위로 요동치며 변화하는 온도와 압력을 경험하기 때문이다. 물 분자와 공기 분자가 결합된 시스템은 너무 복잡하기 때문에 특정 눈송이의 최종적인 형태와 구조를 예측할 수 없다.

• 흰개미의 흙 대성당: 흰개미 군집은 대성당이라고 불리는 거대하고 복잡한 흙더미를 건설한다. 이 대성당에는

다양한 패턴의 6면 대칭을 이루는 눈송이

공기의 흐름, 온도, 습도를 조절하기 위한 정교한 터널과 굴뚝이 만들어져 있는 경우가 많다. 이런 복잡한 구조물을 건설하려면 수십만 마리의 흰개미 집단에 의해 실행되는 일종의 마스터플랜이 있어야 할 것만 같다. 하지만 앞을 보지 못하는 각각의 흰

흰개미 군집이 만든 흙 대성당

개미들은 설계도에 따라 흙더미를 쌓는 것은 고사하고 그 전체적인 형태조차 인식할 수 없다. 그런데도 무리 전체의 집단적 행동을 통해 이런 복잡한 구조를 가진 흙더미가 만들어진다. 연구자들은 흰개미가 서로 화학 신호를 교환하고, 흙더미의 형태에 영향을 받는 공기 흐름이나 온도 같은 단서에도 반응한다고 유추한다.

신경과학자들은 사람의 뇌와 같이 고등한 뇌에서 생기는 의식의 출현은 위에서 소개한 창발 현상보다 훨씬 더 복잡하기는 하지만 질적으로 다른 현상은 아니라고 얘기한다. 특히

의식은 어떤 추가적인 영적인 힘이나 초자연적 힘이 개입하지 않아도 화학, 물리학, 생물학의 법칙을 따르는 수십억 개 뉴런의 집단적 상호작용에서 창발적으로 출현할 수 있다.

요약하면 시각적, 청각적 정보를 비롯한 다른 감각 정보를 외부 세계에서 입력받을 수 있고, 시간적, 공간적으로 외부 세계에 대한 내부 지도를 가지고 있으며, 과거의 경험에서 얻은 정보를 저장할 수 있고(기억), 서로 신속하게 소통할 수 있는 방대한 위계 구조의 행동 주체(뉴런)를 가지고 있는 뇌라는 물질 시스템은 우리가 지금까지 건설한 가장 큰 컴퓨터보다도 복잡하고, 단백질 접힘, 눈송이 패턴, 흰개미 대성당을 만들어낸 협력적 행동 주체들보다 훨씬 더 복잡하다. 다른 세계에서 온, 아주 다른 종류의 뇌를 가진 지적 존재라고 해도 우리 뇌와 유사한 시스템이라면 장엄하고 새로운 현상을 만들어낼 수 있음을 짐작할 수 있을 것이다. 의식은 분명 그런 현상에 해당한다. 다음 장에서는 영성도 그와 마찬가지라고 제안하려 한다.

◉

코흐 교수와의 대화가 거의 끝날 무렵 나는 몇 년 전에 겪었던 경험에 대해 얘기했다. 나는 밤늦게 작은 배를 타고 혼자 바다에 나갔다가 작은 섬에 있는 우리 집으로 돌아오고 있었다. 아주 맑은 날이었고, 밤하늘에는 별빛이 가득했다. 배 엔진에서 나는 부드러운 응응거림 말고는 아무 소리도 들리지 않았다. 나는 위험을 무릅쓰고 배의 엔진을 꺼보았다. 그러자 훨씬 더 조용해졌다. 나는 배에 누워 하늘을 바라보았다. 그렇게 몇 분이 흐르자 내 세상이 별이 총총히 빛나는 하늘 속으로 사라졌다. 배도 사라졌다. 내 몸도 사라졌다. 내 자아와 에고에 대한 인식도 사라졌다. 그리고 내가 무한으로 빠져드는 것을 느꼈다. 나는 별과 압도적인 연결의 유대감을 느꼈다. 마치 내가 별의 일부인 것 같았다. 그리고 내가 태어나지 않은 먼 과거부터 내가 죽은 다음에 계속해서 펼쳐질 미래까지 광활하게 펼쳐진 시간이 하나의 점으로 압축된 것처럼 느껴졌다. 별뿐만 아니라 모든 자연, 우주 전체와 연결되어 있는 듯했다. 나보다 훨씬 큰 무언가의 일부가 된 느낌이었다. 잠시 후 나는 자리에서 일어나 다시 시동을 걸었다. 내가 하늘을 바라보며 얼마나 오래 누워 있었는지 알 수 없었다.

　나는 코흐 교수에게 한낱 원자와 분자로부터 그런 경험이 생겨날 수 있다고 생각하는지 물어봤다. 그는 이렇게 말했다. "우선, 그것은 진짜 경험입니다. 나는 그런 것을 신비의 경험이라고 부릅니다. 그런 경험은 임사 체험에서도 할 수 있고, 5-MeO-DMT*라는 약을 했을 때도 할 수 있고, 명상을 할 때도 할 수 있습니다. 우리는 뇌가 사랑과 미움을 만들어낼 수 있

다는 것도 압니다. 이것 역시 뇌가 느낄 수 있는 또 다른 느낌
이죠. 경험은 우리 뇌가 사랑과 미움, 황홀경, 유대감 등의 느낌
을 모두 만들어낼 수 있음을 보여줍니다."[38]

• 사막두꺼비에게서 발견되는 환각제.

4장

뇌가 만드는
경이로움의 순간

한 알의 모래에서 세계를 보고[1]

The Transcendent Brain

"자연은 두 개의 끝을 가진 하나의 재료로

그 모든 꿈같은 다양성을 만들어낸다."

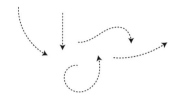

　어느 날 아침, 동이 트고 얼마 지나지 않았을 때 바닷가에 서 있는데 가벼운 안개가 끼기 시작했다. 떠오르는 태양이 안개 사이로 비치는 흐린 불덩이로 변했다. 갑자기 공기가 빛을 내기 시작했다. 안개가 햇빛을 산란시켜 여기저기로 흩뿌리자 한 줌, 또 한 줌의 공기가 각자 빛을 냈다. 사방에서 공기가 반짝였고, 갈매기도 꽥꽥거리는 울음을 멈추고, 물수리도 조용해졌다. 나는 고요한 침묵과 빛을 내는 공기에 넋을 잃고 한동안 그곳에 서 있었다. 마치 햇빛과 공기로 만들어진 대성당 내부에 들어와 있는 느낌이었다. 그러다 안개가 햇빛에 쫓겨 물러나며 공기의 빛도 함께 사라졌다.

힌두교에는 다르샨darshan이라는 개념이 있다. 이것은 신성을 경험할 수 있는 기회를 말한다. 힌두교에서는 이런 경험에 자신을 열라고 충고한다.

이 장에서는 의식, 고등한 지능, 그리고 호모 사피엔스를 빚어낸 진화의 힘이라는 경로를 따라 물질적인 뇌에서 영성이 자연스럽게 따라 나온다는 제안을 할 것이다. 영성의 기원에 이런 식으로 접근하려 하지만 그 장엄하고도 심오한 느낌을 깎아내리려는 생각은 추호도 없다. 영적 경험은 우리 삶에서 가장 기억에 남을 만한 순간 중 하나다. 나는 뇌가 충분히 복잡해지면 이런 경험이 배고픔, 사랑, 욕망처럼 자연스럽게 따라오는 것이라 생각한다.

우주를 창조한 전지전능하고 목적이 있는 존재를 믿는 사람들은 영성을 그러한 존재와 연관 짓는 경우가 많다. 그런 연관성을 가장 아름답고 매력적으로 진술한 사례 중 하나를 윌리엄 제임스William James의 기념비적인 책,『종교적 경험의 다양성』에서 찾아볼 수 있다. 이 책에서 한 기독교 성직자가 즉각적이고 생생한 초월적 경험에 대해 묘사한다.

그날 밤을 기억한다. 언덕 거의 꼭대기에서 내 영혼이 무한을 향해 열리면서 내면의 세계와 외부의 세계, 이 두 세계가 하나로 합쳐졌다. 내면의 고뇌가 열어놓은 깊이가

별 너머 헤아릴 수 없는 외부의 깊이에 응답을 받는 순간
이었다. 나는 나를 만드신 그분, 그리고 세상의 모든 아름
다움, 사랑, 슬픔, 심지어 유혹과 함께 홀로 서 있었다. 내
가 그분을 찾지 않았음에도 나의 영혼이 그분과 완벽하
게 하나로 합쳐지는 것을 느꼈다.[2]

이 성직자는 우주와 연결된 듯한 심오한 감정을 명확하게
신에게 돌리고 있다. 인도의 위대한 힌두교 시인 라빈드라나트
타고르Rabīndranāth Tagore도 『기탄잘리』에서 이와 비슷하게 우
주와 연결되어 있다는 유대감을 표현했다.

당신(신)께서 나를 끝없는 존재로 만드셨으니
이것이 당신의 기쁨입니다.
밤낮으로 내 혈관을 타고 흐르는 생명의 물줄기가
리듬에 맞춰 세상에 흐르며 춤을 춥니다.
이 생명이 땅의 먼지를 뚫고
무수히 많은 풀로 기쁘게 솟아나
이파리와 꽃의 파도로 떠들썩하게 터져 나옵니다.[3]

이슬람교에서는 무함마드의 최초의 전기 작가인 이븐 이
스하크Ibn Ishaq의 기록에 무함마드의 첫 번째 영적 계시에 대한

기록이 남아 있다.

내가 산을 절반쯤 올랐을 때 하늘에서 내려오는 목소리
를 들었다. "오, 무함마드야! 너는 하느님의 사도이고 나
는 가브리엘이다." 누가 하는 말인지 보려고 내가 하늘을
향해 고개를 들었더니, 오, 인간의 형상을 한 가브리엘이
두 다리를 벌리고 지평선에 서 있었다. … 나는 앞으로
도, 뒤로도 움직이지 않고 가만히 서서 그를 지켜보았다.
그러다 그에게서 고개를 돌렸지만 하늘의 어느 곳을 보
더라도 내 눈앞에 그가 보였다.[4]

물론 신과의 관련성이 가장 잘 드러나는 영적 경험 중 하
나는 구약성서에 나오는 모세와 불타는 떨기나무 이야기다.

여호와의 천사가 떨기나무 가운데서 불꽃으로 모세 앞
에 나타났다. 그가 바라보았더니 떨기나무가 불은 붙었
으되, 불타 사라지지는 아니하더라.[5]

초월적 경험의 기원

나는 앞에서 영성을 자연, 우주, 타인과 연결된 느낌, 자신보다 큰 무언가의 일부가 된 느낌, 아름다움에 대한 공감, 경외감의 경험 등으로 정의했다. 위에서 묘사한 경험에는 내가 정의한 영성의 특성이 다수 표현되어 있으며, 모두 우리가 신이라고 부르는 전지전능하고 목적이 있는 존재, 창조주에 의해 중재되었다는 점에서 종교적 경험이다. 그렇기 때문에 이 경험들이 신, 혹은 우리 안에 있는 신과 비슷한 영혼, 혹은 자연과 우주 곳곳에 깃들어 있는 신의 존재에서 비롯되었다고 생각할 수 있다. 이름 모를 성직자와 타고르, 무함마드, 모세는 신의 존재와 그 영적인 힘을 암묵적으로 가정하고 있다.

나는 이런 믿음과 그들의 신성한 속성을 존중한다. 여기서 나의 목적은 그것과 동일한 영적 느낌이 다른 주체의 개입 없이 다원주의적인 자연선택의 힘과 고도의 지능을 가진 뇌의 능력에서 온전하게 출현할 수 있음을 보여주는 것이다. 달리 표현하자면 나는 여기서 비종교적 영성과 그 진화적 기원에 대해 논의하려고 한다. 하지만 이런 연결된 느낌과 경외감 등이 종교적 영성에서 오는 느낌과 상당히 비슷할 수 있다.

내가 자연선택의 힘에 대해 얘기했다고 해서 내가 정의한 영성의 모든 요소가 직접적으로 생존상의 이점을 가져다준다는 의미는 아니다. 1979년에 진화생물학자 스티븐 제이 굴드Stephen Jay Gould와 리처드 르원틴Richard Lewontin은 '스팬드럴 spandrel'이라는 말을 만들었다.[6] 이것은 동물의 특성 중에서 그 자체로는 적응에 도움이 되지 않지만 생존에 실질적인 이점을 주는 다른 특성에 따라오는 부산물을 의미한다. 예를 들어 눈동자의 색깔과 귓불의 크기는 생존에 특별한 가치가 있는 특성은 아니지만, 몸의 색깔과 귀는 분명 생존상의 이점을 갖고 있다. 시를 쓰는 능력은 명확하게 드러나는 진화적 이점이 없지만, 소리와 리듬에 대한 감수성에서 비롯된 부산물일지 모른다. 이런 감수성은 실제로 생존상의 이점이 있을 것이다.

나는 영성이 이런 스팬드럴에 해당한다고 주장한다. 자연 및 다른 사람들과 연결되고, 거기에 소속되고 싶은 욕망, 자기 자신보다 더 큰 무언가의 일부가 되는 느낌, 아름다움에 대한 공감, 경외감의 경험, 창의적 초월 경험 등은 모두 진화적 이점이 있는 다른 특성에서 비롯된 부산물이라는 것이 나의 주장이다. 이것 중 처음에 얘기한 네 가지 경험은 별다른 설명이 필요하지 않다. 창의적 초월 경험은 우리가 세상에 없던 새로운 무언가를 만들어내거나 새로운 것을 발견했을 때, 순수한 바라봄의 상태에 빠져 있을 때 느껴지는 짜릿하고 벅찬 감각에 붙인 이름이다. 화가, 음악가, 무용수, 소설가, 과학자, 그리고 우리는 모두 창의적 초월을 경험한다.

새끼 물수리들과의 교감, 맑은 밤하늘의 별 등 내가 제시했던 영성의 사례 중 일부는 특정 시간, 특정 장소에서 발생했던 특정한 초월 경험이다. 사실 살면서 우리가 느끼는 기쁨 중 상당수는 그런 특정한 경험에서 비롯된다. 이 모든 순간이 모여서 영성의 탑을 쌓아 올린다. 대부분의 초월 경험에서 에고가 완전히 사라지는 것은 참으로 흥미로운 역설이다. 그 순간에는 시간과 공간도 잊고, 우리 몸도 잊고, 자기 자신에 대해서도 잊는다. 내가 해체되어 버리는 것이다. 하지만 나는 영성이 의식과 물질적인 뇌에서 출현한다고 주장한다. 그리고 의식에서 다른 무엇보다 중요한 특징은 자아감, 즉 우주의 나머지 모든 것과 구별되는 '나'라는 느낌이다. 그렇다면 신기하게도 자아를 중심으로 구성된 존재가 자아가 사라진 존재를 만들어내는 것이다.

나는 영성 출현의 원동력은 자연과의 원초적인 친화력, 협동에 대한 근본적인 욕구, 임박한 죽음에 대한 인식에 대처하기 위한 수단 등 생물학적이며 심리학적인 것이라 주장한다. 물론 사람이 아닌 동물에게서도 이런 원동력의 일부를 발견할 수 있지만 영성을 온전히 체험하기 위해서는 호모 사피엔스의 고도의 지적능력이 필요할 수 있다.

이제 영성의 다양한 요소와 그 기원에 대해 하나씩 살펴보자.

자연 속의 인간

랠프 월도 에머슨Ralph Waldo Emerson은 그의 유명한 에세이 『자연에 관하여On Nature』에서 우리 인간을 비롯한 자연 만물의 하나 됨을 표현했다. "자연은 온갖 기교에도 불구하고 우주의 시작부터 끝까지 너무도 빈곤해서 오직 하나의 재료밖에 가진 것이 없다. 하지만 두 개의 끝을 가진 하나의 재료로 그 모든 꿈같은 다양성을 모두 만들어낸다. 자연이 그 재료를 어찌 구성하든지 간에 별, 모래, 불, 물, 나무, 인간은 여전히 한 가지 재료이며, 동일한 속성을 드러낸다."[7]

메리 올리버Mary Oliver는 자신의 시 '숲속에서 잠자며Sleeping in the Forest'에서 사람의 자아가 자연 속으로 해체되어 녹아 들어가는 것까지, 이런 하나 됨을 아름답게 표현했다.

대지가 나를 기억한다고 생각했다.
그는 나를 다시 부드럽게 품어주었고
주머니 가득 이끼와 씨앗이 채워진
자신의 짙은 색 치마를 정리했다.
나는 마치 강바닥에 잠긴 돌처럼
전에는 자보지 못한 깊은 잠에 들었다.
나와 하얀 별빛 사이에는 그 무엇도 없었고

오직 나의 생각들만 완벽한 나무의 가지들 사이로

나방처럼 가볍게 떠다녔다.

밤새도록 나는 작은 왕국들이 내 주변에서 숨을 쉬는 소

리를 들었다.

어둠 속에서 자신의 일을 하고 있는 곤충과 새들의 소

리를.

밤새도록 나는 마치 물속에 있는 듯

떠오르고 다시 떨어지며 빛나는 운명과 씨름했다.

아침까지 나는 적어도 열두 번은 사라져

더 나은 것으로 변해 있었다.

사람속屬에 속하는 인간은 진화의 역사 중 대부분의 시간
을 호수, 바다, 나무, 흙, 풀, 새, 산, 하늘 같은 자연환경 가까이
에서 보냈다. 기간으로 따지면 인류는 약 10만 세대에 걸쳐 땅
과 밀착해 살아왔다. 따라서 자연에 주의를 기울이는 것이 분
명 생존에 이로웠을 것이다. 우리가 하루의 대부분을 벽돌 및
강철 건물 속에서 보내게 된 것은 인간의 200만 년 역사 속에
서 아주 최근에 생겨난 현상이다. 자연으로 돌아가 물수리와
교감하고, 맑은 여름 밤하늘에 뜬 별들을 바라볼 때 우리는 내
면 깊숙한 곳에 있는 무언가와 다시 만난다. 이것은 우리 뇌 속
에 각인되어 있는 것이다.

저명한 생물학자 겸 동식물학자 E. O. 윌슨E. O. Wilson은 "생명 및 생명 비슷한 과정에 주의를 기울이는 타고난 경향"[8]을 의미하는 '바이오필리아biophilia(생명사랑)'라는 용어를 사용했다. (이 용어는 1964년에 사회심리학자 에리히 프롬Erich Fromm이 생명에 끌리는 마음을 지칭하기 위해 만들어낸 용어다.)[9] 윌슨은 이렇게 말했다. "모든 생명체에게 살아남기 위해 가장 중요한 첫 번째 단계는 서식지 선택이다. 올바른 장소를 찾아가기만 하면 나머지는 모두 더 쉬워질 가능성이 크다. 그런 장소에서는 익숙한 먹잇감이 많아 사냥도 쉽고, 은신처도 재빨리 만들 수 있으며, 포식자를 만나더라도 속여서 물리칠 수 있을 것이다. 각종의 감각기관과 뇌를 특징짓는 복잡한 구조물 중에는 서식지 선택이라는 1차적인 기능을 담당하는 구조물이 많다."[10]

지난 수십만 년의 세월에 걸쳐 형성된 자연의 소리, 풍경, 냄새에 대한 감수성은 오늘날에도 분명히 우리 DNA의 일부로 자리 잡고 있을 것이다. 그리고 이런 DNA 자체가 생명의 역사를 거치는 동안 변화에 변화를 거듭하며 만들어진 것이다. 그래서 모르는 것을 직면했을 때 자신을 보호하고 싶은 욕구, 자신의 아이를 사랑하고 보살피려는 압도적인 열망, 성적 매력 같은 우리의 1차적 본능 중에는 생존 전략과 자연선택의 힘에서 비롯된 것이 많다. 지금은 우리 마음 깊숙한 곳에 묻혀 있지만 자연에 대한 친화력도 그와 비슷한 기원에서 비롯되었을 가능성이 높다.

수십만 년 전에 일어났던 사건의 인과관계를 증명해 보이기는 어렵지만 현대의 진화생물학자들은 진화와 환경 사이의 인과적 상호작용을 탐구하는 실험을 수행할 수 있었다. 일부 동물과 식물의 DNA는 진화 속도가 빨라서 한 번의 실험으로도 여러 세대에 걸친 진화를 관찰할 수 있기 때문이다. 예를 들어 캘리포니아대학교 리버사이드 캠퍼스의 진화생물학자 데이비드 레즈닉David Reznick과 그 동료들은 구피라는 열대어가 포식 활동이 활발한 환경에 노출되면 더 많은 새끼를 낳고, 새로운 탈출 능력과 체형을 발달시킨다는 것을 밝혀냈다.[11]

다른 실험에서 레즈닉과 동료들은 두 가지의 서로 다른 구피 개체군을 키웠다. 첫 번째 개체군은 포식자의 밀도가 높은 환경에서 태어났고, 두 번째 개체군은 포식자의 밀도가 낮은 환경에서 태어났다. 이 두 개체군은 조류와 곤충의 유충으로 이루어진 생태계에 미치는 영향이 아주 다른 것으로 나타났다. 첫 번째 개체군은 주로 곤충의 유충을 먹은 반면, 두 번째 개체군은 주로 조류를 먹었다. 그래서 불과 4주 만에 첫 번째 개체군 주변의 생태계는 조류는 많고 곤충 유충은 거의 없는 생태계로 진화했고, 두 번째 개체군은 그 반대로 진화했다. 두 개체군은 질소와 인 같은 영양분의 재활용률에서도 차이를 만들어냈다.

이런 연구 결과를 통해 살아 있는 유기체와 그 유기체가 속한 생태계가 서로에게 적응하며 함께 진화한다는 결론을 내렸다. 놀라운 결론은 아니다. 성공한 초기 인류는 주변의 자연 환경에 적응한 사람들이었을 것이고, 그런 환경에 주의를 기울이는 것이 적응을 강화해 주었을 것이다.

2004년에 오벌린대학Oberlin College의 사회심리학자 스테판 메이어Stephan Mayer와 신시아 맥퍼슨 프란츠Cynthia McPherson Frantz는 '자연 유대감 척도Connectedness to Nature Scale 검사'라는 것을 개발했다.[12] 이 검사는 사람이 자연에 대해 느끼는 친화력을 측정할 수 있는 일련의 문항으로 구성되어 있다. 응답자가 각각의 문항에 대해 '매우 동의하지 않음', '동의하지 않음', '동의함', '매우 동의함'으로 답하면, 그들 각각의 전체 점수를 계산한다. 자연 유대감 척도 검사의 14가지 문항 중 일부를 여기 소개한다.

- 나는 종종 내 주변의 자연과 하나가 되는 느낌을 받는다.
- 나는 내가 자연이라는 공동체에 속해 있다고 생각한다.
- 내 삶을 생각할 때 내 자신이 더 큰 생명의 순환 과정의 일부라는 상상을 한다.
- 내가 나에게 속하는 것처럼 지구에도 속해 있다고 느

긴다.

- 사람이냐 아니냐를 막론하고 지구에 사는 모든 생명체
  가 하나의 공통 '생명력'을 공유하는 것처럼 느껴진다.

2004년 이후 심리학자들은 메이어-프란츠 자연 유대감 척도 검사가 기존에 개발되어 있던 행복 및 웰빙 측정법과 상관관계가 있는지 조사해 보았다.[13] 2014년에 심리학자 콜린 카팔디Colin Capaldi와 그 동료들은 8500명 이상이 참가한 30편의 기존 연구들을 병합해서 이런 상관관계에 대해 메타분석을 시행했다.[14] 심리학자들은 자연 유대감과 삶의 만족도 및 행복 사이에서 강한 상관관계를 발견했다. 특히 행복과 자기를 이해할 때 자연을 포함시키는가에 따라 강력한 상관관계가 나타났다. 그들은 이렇게 적었다. "자연과의 유대감이 높은 사람일수록 더 양심적이고, 외향적이고, 쾌활하고, 마음이 열려 있는 경향이 강하다. … 자연 유대감은 정서적, 심리적 웰빙과도 상관관계가 있다." 이런 결론을 보면 과거 100만 년에 걸쳐 형성된 충동, 본능, 욕망, 친화력이 오늘날까지도 우리 마음속에 여전히 남아 있다는 생각이 든다.

프란츠 교수도 뉴저지에서 보낸 어린 시절, 자연이 미쳤던 강력한 영향을 기억하고 있다. 나무가 우거진 뒤뜰에는 커다란 언덕과 바위가 있었고, 그곳에서 그는 상상의 세계를 만들

며 시간을 보내고는 했다. 그는 내게 이렇게 말했다. "만약 우리가 자연환경과 조화를 더 잘 이룬다면 그 환경의 단서와 변화에 더욱 효과적으로 반응할 수 있을 것입니다. 생태계에 의지해서 살아가려면 그 생태계가 안정적이고 건강해야 하죠."[15] 그의 말은 E. O. 윌슨이 했던 말을 떠올리게 한다.

사회심리학자 신시아 프란츠

진화의 힘은 우리에게 자연과 깊이 연결되어 있다는 유대감을 심어주었듯이 타인과 연결되어 있다는 유대감도 심어주었을 것이다. 그리고 이것은 다시 자신보다 더 큰 무언가의 일부가 된 느낌과도 연관이 있다.

인류 역사 중 적어도 90퍼센트를 차지하는 초기 수렵채집 사회에서는 집단의 구성원들이 자신의 생존을 서로에게 크게 의지했을 것이다. 그들에게 위협은 늘 가까이 있었다. 사냥꾼들이 먹을 것을 구하러 나가 있는 동안 나머지 성인들은 아이들을 지키고, 불씨를 유지하고, 공동의 은신처를 보강했다. 집단에서 따돌림을 받거나 집단과 분리되는 경우에는 오래 살아남지 못했을 것이다. 프란츠 교수는 우리가 자연과 맺는 관계와 사람과 맺는 관계 사이에는 명확한 심리적 유사성이 존재한다고 말한다. 그는 이렇게 말했다. "인간이 가진 적응 전략 중 하나는 이런 협력적인 사회 집단 속에서 사는 것입니다. 선조들의 경우 집단의 일원이 되지 못하면 사망할 위험이나 자신의 유전자를 후대에 물려주지 못할 위험이 극적으로 높아졌을 테니까요. 우리가 이런 핵심적인 사회적 동기를 진화시킨 이유는 살아남는 데 도움이 되었기 때문입니다. 그중에서도 가장 강력한 것은 소속의 욕구죠."

자연과 연결되고 싶은 욕구

옥스퍼드대학교 진화생물학 교수 스튜어트 웨스트Stuart West도 초기 인류의 생활 집단에서 협동의 필요성을 강조한다. 그는 협동이 자기 자신보다 타인에게 직접적인 이익을 가져다주기 때문에 잠재적으로 비용이 많이 들어가는 행동이지만, 그럼에도 동물계에 널리 퍼져 있다는 점을 지적했다. 그는 두 가지 설명을 제시한다. 첫째, 상호호혜다. 사람들은 자기를 도와준 적이 있는 타인을 도울 가능성이 더 높다. 둘째, "이 시기에 협동은 동일한 유전자를 공유하는 친척 관계를 대상으로 이루어졌다. 개인은 자기와 가까운 친척의 번식을 도움으로써 간접적으로나마 자신의 유전자 복사본을 다음 세대로 전달할 수 있었다."[16]

프랑스에 있는 네안데르탈인과 크로마뇽인의 동굴에서 나온 고고학적 증거를 통해 초기 혈거인들이 약 20명 정도의 소규모 집단을 이루고 살았음을 알게 됐다. 당시 집단에 속한 대부분의 구성원은 아마도 가족이거나 가까운 친척이었을 것이다. 나는 생존에 분명히 도움이 되는, 집단에 소속되고 싶은 욕구가 자신보다 더 큰 무언가의 일부가 되고 싶은 욕구 및 감정과 관련이 있다고 생각한다. 프란츠는 이렇게 말한다. "자연과 연결되고 싶은 욕구와 타인과 연결되고 싶은 욕구는 모두 자신을 자기보다 더 큰 무언가에 소속된 존재로 정의하려는 개인적 성향에서 나왔습니다. 이런 소속감은 인간의 육체적, 심리적 현실을 더욱 정확하게 이해할 수 있게 해줄 뿐 아니라, 명확한 정신 건강상의 이점도 가져옵니다."

보스턴 지역의 정신과 의사 W. 니콜슨 브라우닝W. Nicholson Browning은 소속에 대한 열망을 사회적 고립이 인간에게 미치는 부정적 영향이라는 측면에서 바라본다. "인간에게 가장 힘든 경험 중 하나는 외로움입니다."[17] 그는 이렇게 말했다. 그리고 다음과 같이 말을 이어갔다.

외로움에 대한 공포는 세상과 연결되려는 욕망의 근간을 이루고 있습니다. 스탠리 큐브릭Stanley Kubrick 감독의 영화 「2001 스페이스 오디세이」에서 이 주제를 아주 잘 표현하고 있죠. 깊은 우주를 여행하던 우주 비행사들이 할이라는 컴퓨터에 의해 생명 활동 정지 상태에서 깨어납니다. 그들은 작은 캡슐에서 깨어나 모선에서 활동을 하게 됩니다. 한 우주 비행사가 작은 포드를 타고 우주선 밖으로 나갔다가 돌아와 컴퓨터에게 말하죠. "포드 격납고 문을 열어줘, 할." 하지만 자기가 인간보다 더 능력이 뛰어나다고 결론 내린 컴퓨터는 그의 요청을 거부하고 우주 비행사를 우주의 허공 속으로 내동댕이칩니다. 그리고 그는 작은 물방울처럼 증발해서 사라져 버리죠. 저는 이 영화를 본 60~70명의 사람에게 그 장면을 기억하는지 물어봤습니다. 제 기억에는 모두가 그 장면을 아주 생생하게 기억한다고 말한 것 같습니다. 저는 이 사람들이 단순히 우주 비행사의 죽음 때문이 아니라, 그 공허한 공간 속에서 완전히 길을 잃고 고립되었다는 사실 때문에 깊은 공포를 느낀 것이라 생각합니다. 임종을 맞는 사람들을 곁에서 지켰던 개인적인 경험으로 볼 때, 그 사람들의 마음속에는 고통받는 육신을 떠나고 싶은 소망과 삶을 함께 했던 이들과의 연결이 끊어진다는 것에 대한 깊은 슬픔이 동시에 자리 잡고 있었습니다.

심리학자들은 개인이 느끼는 외로움의 정도를 측정하기 위해 '자연 유대감 척도'와 비슷한 'UCLA 외로움 척도UCLA Loneliness Scale'[18]라는 검사를 고안했다. 여기에는 다음과 같은 질문이 포함되어 있다. "많은 일을 혼자 해야 해서 불행하다", "함께 대화할 사람이 없다", "너무 외로워서 견딜 수가 없다", "가까이 지내는 친구가 없다", "나를 진짜로 이해하는 사람이 아무도 없는 것 같다". 심리학자 겸 역학자이며 유니버시티 칼리지 런던의 행동과학 및 보건학과 과장인 앤드루 스텝토 Andrew Steptoe와 그의 동료들은 47~59세의 성인 240명을 대상으로 진행한 연구에서, 외로움 척도에서 높은 점수를 받은 사람이 낮은 점수를 받은 사람보다 스트레스에 훨씬 부정적으로 반응한다는 것을 발견했다.[19]

이런 차이는 실제로 몸의 생리에서도 드러났다. 스텝토와 동료들은 외로운 사람은 스트레스에 노출됐을 때 피브리노겐 fibrinogen, 자연살해세포natural killer cell, 코르티손cortisone 수치가 더 높게 나온다는 것을 알아냈다. 피브리노겐은 혈액 응고에 관여하는 혈중 단백질이다. 이 수치가 높으면 뇌에 해로운 혈전이 발생할 수 있다. 자연살해세포는 면역계의 일부다. 대조군보다 이 수치가 특히나 높게 나왔다는 것은 신체가 스트레스에 과잉반응하고 있음을 의미한다. 과활성화된 면역계는 그 자체로 몸에 손상을 입힐 수 있다. 외로움, 그리고 타인과의 유대 결여라는 정신적 상태가 생리적 증상으로 나타나는 것이다. 다른 사람들과의 연결에 관한 욕망, 그리고 연결되지 못했을 때의 결과는 우리 몸의 생물학과 화학 속에 분명히 내재되어 있다.

많은 연구자가 진화의 역사를 거치면서 사회적 애착과 소속감에 대한 욕구가 신체적 통증 시스템과 연관되어 "사회적 연결의 단절에 대해 경고하는 데 통증 신호를 빌려와 사용하게 됐다"[20]라고 주장한다. 이 가설에서 흥미진진하고 매력적인 부분은 '마음을 다치다', '마음을 짓밟히다', '마음을 할퀴다' 등 사회적 거부에 일반적으로 사용되는 단어가 신체적 고통을 표현할 때 사용하는 단어와 동일하다는 점이다. 토론토대학교의 심리학 교수 제프 맥도널드Geoff MacDonald와 듀크대학교의 심리학 및 신경과학 교수 마크 리리Mark Leary는 사회적 고통을 의미하는 단어와 신체적 고통을 의미하는 단어 사이의 유사성을 전 세계 곳곳의 언어에서 확인할 수 있다고 말한다.[21]

타인과 연결되고 싶은 욕망은 말 그대로 타인과의 신체적 접촉에 대한 욕망으로 발현된다. 이런 욕망은 다양한 동물에게서 명확히 드러난다. 1950년대부터 미국의 심리학자 해리 할로Harry Harlow와 공동 연구자들은 고립된 환경에서 자라 어

미와의 신체 접촉을 경험하지 못한 붉은털원숭이rhesus monkey
가 멍하니 앞만 바라보거나, 우리 안을 빙빙 돌거나, 자해를 하
는 등의 불안한 행동을 보인다는 것을 밝혀냈다.[22] (요즘 같으면
이런 실험은 미국동물보호협회에서 강력한 규탄을 받았을 것이다.)

캥거루 케어라고 불리는 미숙아 돌보기 방법은 엄마나 아
빠의 맨가슴에 아기의 피부가 맞닿도록 안아주는 것이다. 이
스라엘 라마트간에 있는 바일란대학교Bar-Ilan University의 소아
과 의사 루스 펠드먼Ruth Feldman과 그 동료들은 신생아 병동에
서 캥거루 케어를 받은 조산아와 표준식 돌봄을 받은 조산아
를 비교하는 실험을 진행했다.[23] 37주 후에 확인해 보니 캥거루
케어를 받은 유아는 대조군 유아에 비해 주의력, 운동 조절 능
력이 더 뛰어나고 시선 회피는 적은 것으로 나타났다.

사람을 비롯한 고등 동물에게서 일반적인 발달이 이루어
지기 위해서는 신체 접촉이 중요해 보인다. 그리고 이런 신체
접촉은 더 큰 세상과의 연결에 대한 욕망과 관련 있는 것이 분
명하다.

자연에는 '나'가 없다

자아와의 분리는 영성의 다양한 측면, 특히 자기보다 더

큰 무언가와 연결되는 초월적 경험에서 중요한 역할을 한다. 자신을 더 큰 세상에 열어젖힘으로써 어떤 면에서 보면 자신의 개인적 에고를 정복하고 해체하는 셈이다. 적어도 잠깐 동안 우리는 자기 자신을 내려놓게 된다. 따라서 자신의 개인적 자아에 집중하는 정도와 자기보다 더 큰 무언가와 연결을 느낄 수 있는 정도 사이에는 반비례 관계가 있을 것으로 보인다. 자아에 집중할수록 더 큰 세상과의 연결은 줄어드는 것이다.

프란츠 교수와 그의 동료들이 이런 가설을 뒷받침할 증거를 제공했다. 「환경심리학저널」에 발표된 '자연에는 '나'가 없다: 자기 인식이 자연과의 연결에 미치는 영향'[24]이라는 논문에서 연구자들은 60명 정도의 참가자들을 대상으로 한 연구에서 자기 인식이 높아질수록 자연과의 연결이 약화되는 것으로 나타났다고 보고했다. 여기서 말하는 자기 인식의 의미는 말 그대로, 개인이 나머지 세상을 배경으로 자기 자신을 얼마나 도드라진 존재, 즉 '세상에서 분리된 별개의 존재'로 느끼는지를 말한다. 프란츠와 그 동료들은 실험 참가자들을 거울의 반사면(자기 인식 강화)과 비반사면(자기 인식 약화)에 마주하도록 앉혀서 노골적으로 그들의 자기 인식을 조작했다. 그런 다음 참가자들에게 자연 유대감 척도 검사를 시켜서 자연 및 더 큰 세상과의 연결 유대감을 측정해 보았다. 이런 실험은 지나치게 단순화된 느낌이 있지만 그 결과는 초월 경험을 하는 동안 흔히 자아를 잃어버리는 듯한 느낌을 받는 것과 일관성이 있는 양상을 보였다.

여기서 잠시 멈추고 자아의 상대적 중요성이 그 사람이 속한 사회의 문화에 의해 부분적으로 형성된다는 사실을 인정할 필요가 있다. 문화인류학자, 사회학자, 심리학자 들은 개인과 집단에 대한 태도에서 서양인과 동양인 사이에 상당한 차이가 있음을 발견했다.[25] 서양인(미국인, 유럽인, 호주인 등)은 개인, 개인의 자유, 독립성, 자율성을 중시하는 반면 동양인(중국인, 일본인, 한국인 등)은 개인보다 집단을 우선시하고, 집단 구성원 간의 상호의존적 관계를 강조한다. 이 두 가지 심리적, 문화적 이분법을 '개인주의' 대 '집단주의'라고 한다. 이런 이분법에서도 특히나 흥미로운 특성이 있다. 어떤 현상을 연구하거나 문제를 분석할 때 개인주의자는 그 대상을 구성 요소로 분해한다. 반면 집단주의자는 현상을 모든 부분 간의 관계라는 측면에서 전체론적으로 경험한다.

나는 몇 년 전에 도쿄에 있는 일본 특파원 클럽을 찾아간 적이 있다. 음료를 마시며 이런저런 이야기를 나누다가 기자들끼리 명함을 교환했다. 내가 기억하기로 일본 기자들의 명함은 소속 언론사 이름이 중앙에 큰 글자로 적혀 있고, 본인의 이름은 한쪽 구석에 작은 글자로 적혀 있었다. 서양의 기자들은 그 반대였다.

우리 진화 역사에서는 분명 집단주의가 먼저 등장했을 것이다. 작은 공동체를 이루어 함께 살았던 인류 최초의 조상들은 생존을 위해서 집단주의자여야만 했다. 그들에게 집단만큼 중요한 것은 없었다. 부족의 한 구성원이 집단에서 너무 독립적이 되면 죽음을 맞이했다. 따라서 호모 사피엔스의 기나긴 역사 중에서 개인주의는 비교적 최근에 생겨난 현상이다. 어째서 그것이 동양보다 서양에서 더 두드러지게 발전했을까? 그런 의문이 내 흥미를 끌었다. 이렇게 전개되는 과정에서 아마도 여러 가지 역사적, 문화적, 심리적 요인이 작용했을 것이다.

초기 철학자들도 개인주의/집단주의 이분법에 대해 생각했다. 고대 그리스의 작가 파우사니아스Pausanias에 따르면 개인의 권한과 책임을 표현하는 격언인 "너 자신을 알라"가 델포이에 있는 아폴로 신전의 벽에 새겨져 있었다고 한다. 개인에게 자기이해self-knowledge의 중요성은 플라톤의 『소크라테스의 변론』에서 소크라테스에 의해 다시 강조된다. "성찰하지 않는 삶은 살아갈 가치가 없다."[26] 이러한 사상이 서양 철학의 뿌리 중 하나였다.

개인에 중심을 둔 이런 말들을 공자의 제자 중 한 명인 증삼曾參의 말과 비교해 보자. "타인을 위한 계획을 세울 때 나는 과연 충성을 다하였는가? 친구들과 함께 어울릴 때 나는 신뢰할 수 있는 사람이었던가? 나는 내가 전해 들은 가르침을 실천에 옮겼는가?"[27]

　개인주의의 기원에서 탐험의 역할도 한 요인으로 꼽을 수 있다. 역사가 프레더릭 잭슨 터너Frederick Jackson Turner는 대단히 영향력 있는 에세이, 「미국 역사에서 개척의 중요성The Significance of the Frontier in American History」[28]에서 미국 서부를 탐험하는 과정이 미국인들의 개인주의와 독립성을 형성하는 데 도움이 되었다고 주장했다. 탐험에 나설 때 우리는 더 큰 공동체가 제공하는 안락과 안전을 뒤로하고 홀로 길을 떠난다. 터너의 개척 가설은 미시간대학교의 사회심리학자 기타야마 시노부北山忍와 그 동료들의 연구가 뒷받침한다.[29] 이 연구자들은 19세기에 미국의 서부 개척과 비슷하게 빠른 이주와 탐험을 경험했던, 홋카이도 북부 지역에 거주하는 일본인들의 가치관과 심리를 연구했다. 기타야마와 동료들은 홋카이도 사람들은 개인적 성취를 통해 가장 큰 행복을 느끼는 반면, 일본 본토의 사람들은 주변 사회와 연결된 유대감을 느낄 때 가장 행복하다고 보고하는 것을 발견했다. 또한 홋카이도 사람들은 다른 일본인에 비해 개인의 독립성에 더 큰 가치를 두었다.

　이런 문화적 차이와 그 기원을 고려하면 개인의 에고를 내려놓고 더 큰 세상에 마음을 여는 문제에서는 동양인에 비해 서양인이 극복해야 할 관성이 더 많다고 할 수 있다. 하지만 그렇다고 전반적으로 동양인이 서양인보다 더 영적이라는 의미는 아니다. 하지만 개인과 집단의 상대적 우선순위에서 분명 차이가 있으며, 이런 차이가 자신을 넘어선 세상과의 관계에 분명 영향을 미칠 것이다.

우리는 타인을 위해 존재한다

인간의 공통적 유대감에 대한 뜻밖의 진술이 알베르트 아인슈타인Albert Einstein에게서도 나왔다. 이 위대한 물리학자는 가정에서 제대로 된 역할을 하지 못했고, 대부분의 삶을 외롭게 보냈지만 1931년에 나온 「포럼 앤드 센추리Forum and Century」에 사람의 유대에 관해 다음과 같은 글을 실었다.

우리 인간의 운명은 참으로 기묘하다! 우리 한 사람, 한 사람은 짧은 체류를 위해 이곳에 온다. 가끔은 느낄 것도 같지만 대체 어떤 목적으로 온 것인지는 자신도 모른다. 하지만 깊이 생각해 보지 않아도 자신이 타인을 위해 존재한다는 것을 일상생활에서 알 수 있다. 행복한 모습으로 미소 짓는 모습을 보아야 내가 행복할 수 있는 그런 사람들을 위해, 그리고 비록 누구인지 모르지만 공감이라는 끈으로 운명이 함께 묶여 있는 수많은 사람을 위해 존

재하는 것이다.[30]

나는 아인슈타인이 말한 "짧은 체류"가 타인, 그리고 더 큰 우주와 연결되려는 우리의 욕망 뒤에 숨은 가장 큰 원동력이라고 생각한다. 개인의 죽음과 육체의 한계를 초월하려는 우리의 욕망이 반영되어 있는 것이다. 물론 3장에서 침팬지 무리에 대해 얘기했듯이 죽음에 대한 인식은 사람이 아닌 동물에게서도 찾아볼 수 있다. 하지만 우주적 척도에서 존재의 일부가 되고 싶은 갈망을 느끼려면 거기서 더 발전되고 세련된 지능이 필요하다. 그리고 과거 수십만 년 전부터 무한한 미래로 인간이 사슬처럼 계속 이어진다는 인식도 필요하고, 우리 모두가 부모의 부모, 또 자식의 자식을 통해 연결된다는 인식도 필요하다.

우주적 척도에서 연결에 대한 인식과 욕구는 지구에서 우리가 차지하는 위치에 대한 이해, 밤하늘에 대한 경외감, 기타 세련된 이해를 통해 더욱 강화된다. 수천 년 동안 별은 파괴 불가능하고 영원한 존재로 여겨졌다. 1장에 언급했던 기원전 2315년, 우나스를 위한 주문에서 죽은 파라오는 '불멸의 별'과 합류하라는 손짓을 받았다. 그로부터 2000년 후에 플라톤은 도덕적인 삶을 살았던 모든 인간이 지구에서의 짧고 덧없는 시간을 끝낸 후 향하게 될 최종 목적지로 별을 선택했다.

"그리고 창조주는 우주를 만든 후에 전체적인 혼합물을 별과 같은 수의 영혼으로 나누어 각각의 영혼에 별을 하나씩 할당 했다. … 자기에게 주어진 시간을 잘 살아낸 사람은 자기가 태어난 별로 돌아가 살게 되어 있다."[31]

플라톤으로부터 2000년 후에는 지크문트 프로이트Sigmund Freud가 '대양감oceanic feeling'에 대해 얘기했다.[32] 프로이트는 『문명과 그 불만Civilization and Its Discontents』에서 1915년 노벨문학상 수상자인 프랑스의 소설가 겸 극작가 로맹 롤랑Romain Rolland 의 정서에 힘을 실어주었다. 프로이트에게 보낸 편지에서 롤랑 은 종교적 에너지의 근원이 '대양감'에 있다고 제안했다. 대양 감은 "'영원'의 느낌, 경계가 없는 무한한 것에 대한 느낌, 즉 '대양' 같은 느낌 … 떼어놓을 수 없는 유대의 느낌, 하나의 전체로서 외부 세계와 하나가 된 듯한 느낌"이다.

앞에서 언급했듯이 미국의 문화인류학자 어니스트 베커 는 우리의 문명 전체가 '죽음에 대한 방어'라고 주장했다. 퓰리 처상을 수상한 그의 저서 『죽음의 부정』 서문에서 그는 이렇게 적었다. "죽음에 대한 인식과 죽음에 대한 두려움처럼 인간 이라는 동물을 끈질기게 괴롭히는 것은 없다. 이것이 인간 활동의 원동력이다. 인간의 활동은 주로 죽음의 불가피성을 피하고, 죽음이 인간의 최종 운명이라는 것을 어떤 식으로든 부정 함으로써 죽음을 극복하기 위해 설계되어 있다."[33]

이런 열망은 '이 우주에서 우리는 과연 혼자인가'라는 질문과도 간접적으로 관련이 있다. 2009년 3월 6일에 르네상스 시대의 천문학자 요하네스 케플러Johannes Kepler의 이름을 딴 케플러 우주 망원경이 우주로 발사됐다. 이것은 우리 태양계 밖에 존재하는 거주 가능 행성, 즉 물이 모두 증발해 버릴 정도로 중심 항성에 가깝지도 않고, 물이 얼어버릴 정도로 멀지도 않은 행성을 찾기 위해 설계된 것이다. 대부분의 생물학자는 액체 상태의 물이 생명 탄생의 전제 조건이라고 생각한다. 지구의 생명체와는 아주 다른 형태의 생명체라 해도 말이다. 케플러 우주 망원경은 우리 은하계에 있는 태양계와 비슷한 항성계 15만 개를 조사해서 2600개가 넘는 외계 행성을 찾아냈다. 이 우주 망원경은 2018년에 기능을 멈췄지만 거기서 나온 산더미 같은 데이터는 아직도 분석되고 있다. 수 세기에 걸쳐 인간은 지구 외의 다른 곳에 생명체가 존재할 가능성에 대해 추측해 왔다. 역사상 처음으로 우리는 '이 우주에서 우리는 혼자인가'라는 심오한 질문에 대답을 할 수 있게 됐다.

나는 케플러 우주 망원경이라는 개념을 생각하고 만들게 된 밑바탕에 나머지 우주와 연결되고 싶은 열망, 다른 생명체와 생각하는 존재를 찾아내어 우리가 살고 있는 이 경이로운 우주의 장엄함을 공유하고픈 열망이 자리 잡고 있다고 생각한다. 다른 세계에서 다른 생명체를 발견한다면 우리가 일부로

속해 있는 더 큰 우주가 모습을 드러내게 될 것이다.

과학이라는 분야 전체를 움직이는 심리적 원동력 역시 개인의 삶을 넘어서 계속 이어질 진리를 찾으려는 열망이라 제안하고 싶다. 물론 그런 힘은 무의식 수준에서 작용할 테지만 말이다. 뉴턴의 운동 법칙은 수천 년간 이어질 것이다. 다윈의 자연선택 역시 그럴 것이다. 물리학자 킵 손Kip Thorne(중력파 검출에 대한 연구로 2017년 노벨상을 수상했다)은 최근에 과학자로서 그의 개인적 동기에 대해 이렇게 설명했다. "우리가 르네상스 시대를 돌아보며 그 시대의 선조들이 우리에게 남긴 유산이 무엇이냐고 물어보면 대부분 위대한 예술, 위대한 건축물, 위대한 음악, 과학적 방법론이라 대답할 겁니다. 이와 비슷하게 몇 세기 후 우리 후손들에게 우리가 남긴 유산에 대해 비슷한 질문을 던진다면 우주에 대한 이해와 우주를 지배하는 물리법칙에 대한 내용이 대답의 상당 부분을 차지하지 않을까 생각합니다."[34]

과학 분야에서 나의 연구는 킵 손의 연구만큼 대단하지는 않지만 나도 물리 세계에 대해 무언가 새로운 것을 발견했을 때 느꼈던 아주 깊은 만족감을 기억한다. 길 건너편에서 짖어대는 이웃집 개, 밤새 잠을 못 자서 두통이 찾아온 무거운 머리, 바닥에 쏟은 차, 다리를 의자에 부딪혀 생긴 멍 등은 블랙홀 주변 궤도를 도는 뜨거운 가스나 항성 무리의 행동에 관해

193

적은 방정식에 비하면 한 줄기의 미풍처럼 사소하게 느껴졌다.

기독교 신학에는 '존재의 대사슬the Great Chain of Being'이라는 개념이 있다. 이것은 지구와 천국에 있는 존재들의 위계를 말한다. 이 위계의 꼭대기에는 신이 있다. 그리고 이어서 천사, 사람, 사람이 아닌 동물, 식물, 마지막으로 맨 밑에는 생명이 없는 물질이 존재한다. 이 개념의 뿌리는 아리스토텔레스의 '자연의 사다리scala naturae'로 거슬러 올라간다. 신학에서 말하는 존재의 대사슬은 세상에 존재하는 모든 것을 아우르는 틀을 확립하고 있다. 나는 여기서 영감을 얻은 표현으로 '연결의 대사슬Great Chain of Connection'이라는 개념을 제안하고 싶다. 이 표현은 수직적 위계보다는 수평적 네트워크를 의미한다. 타인, 자연, 우주 전체와 연결된 느낌, 자기 자신보다 훨씬 큰 무언가의 일부가 된 느낌을 말하는 것이다. 개인이 죽음에 임박했을 때 자기가 무언가 더 큰 것, 개인의 삶 이후에도 이어지는 무언가의 일부라 느끼면 위안이 되지 않을까? 어쩌면 인간만이 자신의 죽음을 인식하는지도 모른다. 그것을 인식하기 위해서는 분명 높은 수준의 지능이 필요할 것이다.

연결의 대사슬은 내가 쓴『모든 것의 시작과 끝에 대한 사색』이라는 책에서 소개한 또 다른 개념과도 무관하지 않다. 바로 '우주 생명중심주의cosmic biocentrism'35라는 개념으로, 우주에 있는 모든 생명체가 친척 관계라는 개념이다. 생명은 상대적으로 제한된 기간에만 우주에 존재할 수 있다는 최근의 과학적 이해도 이런 친척 관계를 강조하고 있다. 생명의 시대가 시작되기 전에는 생명에 필요한 복잡한 원자가 아직 항성에서 만들어지지 않았었다. 그리고 생명의 시대가 저물고 나면 태양도 연료를 모두 소진하고, 생명을 뒷받침할 수 있는 다른 모든 에너지원도 고갈되거나 은하들과의 접점이 끊어져 사용할 수 없게 될 것이다. 더군다나 우주에서 생명체의 형태로 존재하는 물질의 비율은 극히 낮아서 10억 분의 1의 10억 분의 1 정도다. 이 정도면 고비사막의 모래 알갱이 몇 개에 해당하는 비율이다. 이 모든 이유로 생명은 시간으로 보나 공간으로 보나 대단히 희귀한 존재다.

아주 친밀한 아름다움

구릿빛으로 붉게 물든 구름. 조개껍데기의 구불구불한 소용돌이 모양. 무지개에 펼쳐진 색조. 한밤중에 고요한 연못의 수면 위에 반사된 별빛. 우리가 자연이 아름답다고 생각하는 것은 우리가 자연의 일부이기 때문이다. 진화적으로 우리는 자연 속에서 자랐다. 물론 아름다움이라는 개념에는 문화적 요소도 들어 있다. 특히 사람의 신체적 아름다움에 관해서 그렇다. 케냐의 마사이족은 귓불이 길면 아름답다고 생각한다. 수 세기 동안 중국에서는 작은 발이 아름답고 여성적이며, 세련됐다고 믿어서 여자아이들의 발을 묶었다. 하지만 아름다움에 대한 일부 개념은 보편적이며, 생존상의 이점을 가져다주는 어떠한 특성의 부산물일 가능성이 높다. 식물학자 겸 유전학자인 휴고 일티스Hugo Iltis는 이렇게 적었다. "인간이 자연의 색깔, 무늬, 조화를 사랑하는 것은 분명 포유류와 인류의 오랜 진화 과정에서 작용한 다윈주의적 자연선택의 결과일 것이다."[36]

색과 형태, 그리고 아름다움의 다른 측면에 성적 매력과 관련한 생존상의 이점이 있다는 주장을 펼치기는 어렵지 않다. 물론 성적 매력을 뒷받침하는 1차적이고, 진화적인 힘은 출산이다. 그리고 출산은 양쪽 파트너가 모두 건강하고 활력이 넘칠 때 가장 성공적이다. 그리고 건강과 활력은 다시 잘 빠진 체형, 매끄러운 피부, 좋은 피부색, 뚜렷한 이목구비, 그리고 신체적 아름다움의 다른 측면들과 관련되어 있다. 사실 아름다움에 대해 신경학적 반응이 일어나면 뇌에서 음식을 먹을 때, 섹스를 할 때, 마약을 할 때와 동일한 쾌락 중추가 자극된다.

다윈과 프로이트 모두 아름다움에 대한 감각이 번식 촉진 전략으로 생겨났다고 주장했다. 『인간의 유래』에서 다윈은 이렇게 적었다. "화려한 수컷 새가 암컷 앞에서 자신의 우아한 깃털과 화려한 색상을 정성스럽게 과시하는 반면, 장식이 그리

화려하지 않은 다른 새들은 그런 행동을 하지 않는 것으로 보아 암컷이 수컷 파트너의 아름다움에 감탄한다는 것은 의심할 여지가 없다."[37] 프로이트는 아름다움의 의미에 관해 말하기를 꺼렸지만, 섹스에 대해서만큼은 그렇지 않았다. "정신분석학은 아름다움에 대해서는 다른 것들에 비해 별로 할 말이 없다. 확실한 것이라고는 아름다움이 성적인 감각의 영역에서 유래했다는 것이 전부다. … 아름다움과 매력은 성적 대상이 가지고 있는 모든 속성 중에서도 으뜸이다."[38]

앞에서 언급했듯이 아름다움에 대한 감성 등 영성의 어떤 측면은 직접 생존상의 이점이 있는 것이 아니라 생존상의 이점이 있는 특성에 따라오는 부산물일 수도 있다. 아름다움에 대한 끌림은 성적 매력이 아니라 다른 형태로도 발현된다. 이렇게 해서 우리는 해 질 녘 붉게 물든 서쪽 하늘, 별자리에서 보이는 패턴, 나무 사이로 불어오는 바람 등에 매력을 느끼게 된다.

아름다움에 대한 우리의 감수성이 자연에 대한 친밀감과 결합되면 심미적 발현과 놀라운 상호 연결성을 보여준다. 황금비를 예로 들어보자.[39] 생물학자, 건축학자, 인류학자 들은 우리가 긴 변과 짧은 변의 비율이 대략 3:2인 사각형을 특히나 아름답게 느낀다는 점에 주목했다. 이 비율은 황금비라는 비율과 비슷하다. 황금비를 이루는 두 수는 큰 수와 작은 수 사이의 비율이 그 둘의 합과 큰 수 사이의 비율과 같다. 이런 단순한 정의로부터 황금비가 대략 1.61803이라는 것을 계산할 수 있다(정확한 값은 미주 참고).

이제 마법의 왕국으로 들어가 보자. 20세기 이탈리아의 수학자 레오나르도 피보나치Leonardo Fibonacci는 피보나치수열이라는 흥미로운 서열을 발견했다.

0, 1, 1, 2, 3, 5, 8, 13, 21, 34, 55, . . .

이 수열에서 0 이후에 이어지는 각각의 수는 앞에 나온 두 수의 합이다. 수가 커질수록 한 수와 그 전 수 사이의 비율이 황금비에 가까워진다. 예를 들어 21/13 = 1.615, 34/21 = 1.619, 55/34 = 1.6176 등이다. 따라서 이 특별한 수열은 황금비와 밀접한 관련이 있다. 여기까지만 봐도 수학에 관심 있는 사람이라면 황금율과 피보나치수열 사이의 관계에서 아름다움을 느낄 수 있을 것이다.

하지만 이 자연의 마법에는 훨씬 많은 것이 들어 있다. 아래 그림과 같이 피보나치수열을 따라 변의 길이가 점점 길어지는 일련의 정사각형을 그리고, 그 각각의 정사각형에서 서로 반대쪽 모서리를 잇는 사분원을 그려서 만든 나선을 생각해 보자.

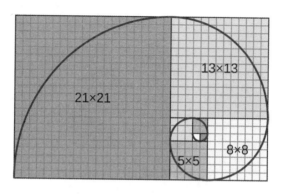

피보나치수열을 따라 그린 일련의 정사각형과
그 모서리를 이은 사분원으로 그린 나선

놀랍게도 많은 생명체에서 이런 나선을 체화하고 있다. 그 예를 살펴보자.

나선형의 조개껍데기

알로에 폴리필라

　이렇게 자연 어디에나 깃들어 있는 황금비가 사람의 눈을 즐겁게 하는 것은 당연하다. 건축가들은 고대의 건축가든, 현대의 건축가든 자신의 건축물에 황금비를 적용했고, 때로는 무의식적으로 그러는 경우도 있었다. 예를 들어 기자 피라

기자 피라미드

미드는 밑면이 115.2미터, 높이는 186.3미터로 그 기울기가 1.6172다. 이것은 황금비와 거의 일치하는 값이다.

서반구에서 독립 건축물로는 제일 높은 큰 토론토의 CN 타워도 342미터 높이에 전망대가 있고, 그 위로 211미터만큼 더 솟아 있다. 이 두 길이의 비율도 1.62로 황금비에 꽤 가깝다. 수학의 아름다움, 자연에 존재하는 생명체의 구조, 그리고 인간의 미적 감각은 분명 황금비를 합창하고 있다.

캐나다 토론토의 CN 타워

듀크대학교의 기계공학자 에이드리언 베잔Adrian Bejan은 우리가 황금비에 매력을 느끼는 이유에 대해 눈과 뇌를 바탕으로 진화적인 설명을 제시했다.[40] 베잔은 뇌와 눈이 시축평면visual plane•에서 뇌로 연결되는 흐름을 극대화하기 위해 진화했으리라 주장한다. 수평 길이가 l, 높이가 h인 직사각형이 있을 때 눈이 이 직사각형의 면적을 스캔하는 데 걸리는 시간은 가

• 양쪽 눈의 시축을 지나는 평면.

로 길이를 스캔하는 시간과 세로 길이를 스캔하는 시간이 같을 때 제일 짧아진다. 눈의 기하학을 분석한 베잔은 눈이 수직으로 훑을 때보다 수평으로 훑을 때 1.5배 빠르다는 것을 알아냈다. 따라서 직사각형 전체를 스캔하는 데 걸리는 시간을 최소화해 줄 최적의 l/h 값은 약 3/2(1.5)이다. 황금비와 크게 다르지 않은 값이다.

베잔의 분석에서 한 걸음 더 나아가면, 자연의 많은 대상이 황금비를 따라 구성되어 있기 때문에 우리 눈도 자연스럽게 이 비율을 가진 대상의 정보를 뇌로 보내는 데 최적화된 구조로 진화했다고 주장할 수 있다. 그리고 거기서 또 한 걸음 나아가면 이런 비율이 우리 눈에 기분 좋게 느껴지는 이유도 그 때문이라 주장할 수 있다. 조개껍데기와 알로에에 내재되어 있는 황금비가 우리에게도 내재되어 있다. 우리의 미적 감각은 말 그대로 자연과의 하나 됨을 표현하는 것이다.

내가 아름다운 대상에 감탄하는 이유나 아름다움에 대한 개념을 이런 식으로 설명해도 붉은 구름이나 나선형의 조개껍데기를 볼 때, 혹은 물에 비친 별빛을 볼 때 느끼는 즐거움과 기쁨은 조금도 줄어들지 않는다. 사실 이런 이해는 자연과 나의 연결을 강조해 오히려 기쁨을 배가해 준다. 내게 피보나치수열의 수학적 우아함, 조개껍데기와 식물에 깃든 특정한 아름다움, 그리고 그런 아름다움에 대한 나의 생물학적 친밀감은 모두 전체로서 하나의 조각이며, 살아 있는 모든 것과의 심오한 연결이다. 이것들이 모두 연결의 대사슬의 일부다.

더 큰 세상에 대한 경외감

수년 전에 나는 당시 두 살이었던 딸을 처음 바다에 데려갔다. 내가 기억하기로 주차장에서 바다가 보이는 곳까지 꽤 먼 거리를 걸어가야 했다. 도중에 우리는 다양한 바다의 흔적을 지나쳤다. 모래언덕과 조개껍데기, 햇빛에 익은 게 발톱, 달리다가 쪼고, 달리다 쪼고, 또 달리다 쪼는 조그만 파이핑플러버piping plover•도 보았다. 그리고 바위틈 사이로 무리 지어 핀 갯질경이와 속이 빈 탄산음료 캔도 보였다. 공기에서 짭짤한 바다 냄새가 났다. 딸은 지그재그로 나 있는 길을 따라 걸으며 여기저기 쪼그리고 앉아 흥미로운 돌이나 조개껍데기를 들여다보았다. 그러다 우리는 마지막 모래언덕 너머로 기어갔다. 갑자기 눈앞에 고요하고 거대한 바다가 나타났다. 청록색 물결이 바다와 하늘이 만나는 곳까지 끝없이 펼쳐져 있었다. 딸아이가 처음 보는 무한한 광경에 어떻게 반응할지 긴장이 됐다. 겁

• 북미 해안의 모래와 자갈 해변에 둥지를 틀고 사는 도요새의 일종.

을 먹을까? 마냥 신이 날까? 그냥 무관심할까? 딸아이는 잠시 아무 말도 없이 가만히 있더니 이내 얼굴에 미소를 띠었다.

「경외감, 그리고 도덕적, 영적, 미학적 감정에 접근하기 Approaching awe, a moral, spiritual, and aesthetic emotion」[41]라는 제목의 논문에서 대처 켈트너Dacher Keltner와 조너선 하이트Jonathan Haidt 는 경외감에 두 가지 독특한 특성이 있다고 썼다. "광대함에 대한 지각, 그리고 적응의 필요성이다. 적응의 필요성이란 새로운 경험을 현재의 정신 상태로 동화시킬 필요가 있는 상태라 정의할 수 있다." 첫 번째 특성은 내가 정의한 영성과 밀접하게 관련되어 있다. 두 번째 특성은 일반적인 경험을 뛰어넘어 우리가 완전히 이해할 수 없는 무언가를 목격하는 상황을 말한다.

우리는 문 닫는 소리나 일상에서 흔히 접하는 사건에는 경외감을 느끼지 않는다. '광대함에 대한 지각'에 나는 자기보다 더 크고, 웅장하고, 강력한 어떤 존재와 함께하고 있다는 지각을 더하고 싶다. 딸이 바다를 보고 경외감을 느낀 것처럼 우리도 자연현상에 경외감을 느낄 수 있다. 그리고 다른 사람에게도 경외감을 느낄 수 있다. 우리보다 더 강하고, 똑똑하고, 재능 있고, 권력을 가진 사람 말이다. 우리는 슈퍼맨, 알베르트 아인슈타인, 마리 퀴리Marie Curie, 파블로 피카소Pablo Picasso, 칼 루이스Carl Lewis*와 마이클 펠프스Michael Phelps,** 제인 오스틴Jane Austen,*** 루트비히 판 베토벤Ludwig van Beethoven, 에이브러햄 링

컨Abraham Lincoln, 앙겔라 메르켈Angela Merkel,•••• 마윈馬雲•••••
같은 사람들에게 경외감을 느낀다. 생존 가능성을 높이기 위
해 우리 선조들의 공동체 구성원들은 필연적으로 지도자와 추
종자로 나뉘어야 했을 것이다. 한 집단의 성공적인 구성원이 되
기 위해서는 그 집단의 지도자를 인정하고 받아들여야 한다.
그리고 자연에 관한 한 우리는 모두 추종자에 해당한다.

중국 당나라의 시인이자 정부 관료였던 백거이白居易는 중
국 저장성 샤오싱 근처에 있는 향로봉 정상에 오른 후에 더 큰
세상에 대한 경외감을 이렇게 표현했다.

높이, 또 높이 향로봉을 오르며

내 손과 발은 잡고, 디딜 곳을 찾느라 지쳤고

친구 서너 명이 나와 함께 왔으나

그중 둘은 더 이상 갈 엄두를 내지 못했네.

마침내 봉우리 꼭대기에 이르니

내 눈은 휘둥그레지고, 내 영혼은 흔들렸네.

발아래 깊은 골짜기가 만 길이나 되건만

내가 발 딛고 선 땅은 겨우 한 자 넓이.

눈이 닿는 데까지 보고, 귀가 닿는 데까지 듣지 않고서야

어찌 세상의 넓이를 깨달을까?

강의 물줄기는 띠처럼 가늘어 보이고,

펑성彭城이 사람 주먹보다 작구나.[42]

나는 경외감을 느끼는 데 필요한 능력 중 하나가 세상에 대한 개방성이라고 믿는다. 그리고 개방성을 위해서는 겸손한 마음이 필요하다. 세상에 열려 있다는 것은 세상에 우리가 아직 가지지 못한 것, 우리보다 큰 것, 우리가 아직 이해하지 못한(아니면 절대 이해할 수 없을지도 모르는) 것이 존재함을 인정하는 것이다. 수년 전에 수리물리학자 로저 펜로즈Roger Penrose(2020년 노벨상 수상자)는 자신의 세계관을 이렇게 표현했다. "자연에 당신이 이해하려는 무언가가 있고, 마침내 당신이 그 수학적 함의를 이해하고 감상할 수 있게 되었다고 가정해 봅시다. 하지만 그 안에는 항상 더 깊은 의미가 들어 있습니다. … 점점 더 많은 물리 세계를 수학적 구조로 변환해 나가다 보면 이 수학 구조가 얼마나 심오하고 신비한지 이해하게 되죠. 어떻게 거기서 이 모든 것을 이끌어낼 수 있는지 참로 신비롭습니다."[43]

다시 힌두교의 다르샨 개념으로 돌아가 보자. 다르샨은 산

스크리트어로 '바라보기'를 의미한다. 그 의미를 더 깊게 파고 들어가면 이는 신이나 신성한 대상을 바라보는 경험을 말한다. 펜로즈에게는 수학이 바로 그 신성한 대상이다. 백거이에게는 산 정상에서 보이는 광경이 그 대상이었다. 그리고 나에게는 메인주에서 맞이했던 아침의 빛나는 공기가 그랬다. 두 살배기 딸에게는 바다가 그랬다. 다르샨의 경험은 상호호혜적인 것으로 여겨진다. 우리가 세상에 나 자신을 열고 자기보다 큰 존재에게 경이를 표하면, 우리는 바깥세상으로부터 축복을 받는다. 무언가를 돌려받는 것이다. 우리는 우주와 그곳에서 자신의 위치를 더 깊이 이해함으로써 더 풍요로워진다.

한계 너머를 탐험하는 마법의 순간

내 영성 개념의 마지막 측면인 창의적 초월은 다른 측면과 진화의 뿌리는 다를 수 있지만, 새로운 사냥터, 새로운 식수원, 새로운 식량 공급원 등을 찾는 탐험과 발견에 대한 충동이 낳은 부산물일 수 있다. 그림, 작곡, 시, 새로운 아이디어, 방을 장식하는 방법에 대한 갑작스러운 통찰 등은 모두 일종의 탐험이 아닐까? 그럼 대체 우리는 무엇을 탐험하고 있는 것일까? 나는 창의적 초월 경험을 할 때 우리가 자신 너머의 세상과 우리 정신의 세계를 안팎으로 모두 탐험한다고 생각한다. 우리의 숨은 능력을 탐구하는 것이다. 창조함으로써 우리는 자신에 대해 새로운 것들을 발견한다. 비밀의 문을 찾아내는 것이다. 그리고 어쩌면 우리에게는 자신과 나머지 우주 사이에서 새로운 연결을 발견하는 것이 가장 중요한 일일지도 모른다.

앞에서 언급했듯이 창의적 초월은 다른 초월 경험과 마찬가지로 자아와 몸을 완전히 잃어버리는 경험이 수반된다. 티베트 불교의 '공空' 사상에 따르면 자아는 환상에 불과하다. 그리고 에고는 장애물이다. 실제로 불교에서는 모든 고통이 우리의 에고가 우리가 하는 일에 과도하게 집착하기 때문에 생긴다고 말한다. 그리고 그 에고, 혹은 자아감은 창의적 초월을 경험하는 동안 사라진다. 창의적 초월의 순간에는 자아감, 몸, 심지어 시간과 공간도 느낄 수 없다. 우리는 그냥 그 속에 존재할 뿐이다. 백거이가 자신의 시에서 얘기했듯이 순수하게 바라보는 상태를 경험하는 동안 내려놓음이 찾아온다. 적어도 잠시 동안 우리는 걱정을 잊고, 세상의 끝없는 분주함과 번잡함을 뒤로한다. 몸이 사라진 우리는 다른 공간으로 여행을 한다. 나는 그 공간을 영적 공간이라 부르고 싶은 유혹을 느끼지만 한 사람의 유물론자로서 이 공간이 물질적 뇌에 뿌리를 두고 있다고 믿는다. 그렇지만 물질적 뇌도 경이로운 일을 할 수 있다. 이 여행은 노력이 필요하지 않아 보인다. 창의적 초월을 경험할 때는 애쓸 필요 없이 그냥 미끄러지듯 나아간다.

1926년에 영국의 사회심리학자 겸 교육자 그레이엄 월러스Graham Wallas는 창의적 사고가 준비, 배양, 깨달음, 검증이라는 일련의 단계를 따른다고 제안했다. '준비' 단계에서는 현장이나 예술, 혹은 다른 분야에서 과제나 연구를 하면서 도구를 숙달하고 문제를 정의한다. '배양' 단계에서는 다양한 방식으로 그 문제에 대해 고민해 본다. 이런 고민이 무의식적으로 이루어지기도 한다. '깨달음' 단계에서는 새로운 통찰을 얻거나 관점을 전환하게 된다. 그리고 '검증' 단계에서 자기가 얻은 통찰을 시험해 보고 결과를 도출한다. 창의적 초월은 '배양'과 '깨달음' 단계에서 일어난다.[44] 여기 개인적인 사례를 소개한다.

첫 번째는 저명한 수학자 앙리 푸앵카레Henri Poincaré의 사례다. 수학적 창의성은 창의적 초월의 아주 흥미롭고 특별한 사례다. 수학자들과 철학자들은 수학적 진실이 사람의 정신과 독립적으로 존재하는지 여부를 두고 의견이 엇갈린다. 수학적 진실이 독립적으로 존재한다면 수학자들은 새로운 대양을 발견하는 경우처럼 이미 존재하고 있던 것을 발견하는 것이고, 그렇지 않다면 수학적 개념, 정리, 함수 등은 수학자의 정신이 발명해 내는 것이다. 그중 무엇이 맞든 푸앵카레는 자신의 창의적 경험에 대해 이런 글을 썼다. "나는 매일같이 작업대에 앉아 한두 시간을 머물면서 수많은 조합을 시도했지만 아무런 결과도 얻을 수 없었다. 그러던 어느 날 저녁 평소와 달리 블랙 커피를 마셨다가 잠을 이루지 못하고 있었다. 그런데 갑자기 아이디어들이 떼로 밀려왔다. 밀려온 아이디어들은 서로 부딪치다가 짝을 이뤄 맞물리면서 안정적인 조합을 만들었다. 그리고 그다음 날 아침 나는 푹스 함수족Fuchsian function class의 존재를 확인했다."[45]

그림은 더 익숙한 형태의 창의적 활동으로, 훈련과 즉흥적인 영감이 모두 필요한 작업이다. 월러스의 설명을 따라 내 아내는 10년간 석고 흉상을 그리며 빛과 그림자, 둥근 모서리 등의 표현을 익혔고, 이제는 전문가가 되어 균형과 흥미를 더하기 위해 정물화의 구석에 붉은색 악센트를 첨가하는 등 즉흥적인 결정을 내리기도 한다.

보스턴 스쿨 오브 아메리카의 현 회장이며, 보스턴 아티스트 길드의 전 회장인 화가 폴 잉브렛슨Paul Ingbretson은 이렇게 말했다. "그림을 그리는 동안 내 모든 인식은 닮은 것과 아름다움을 찾아내는 일에 초점이 맞춰져 있습니다. 20분마다 작은 미션을 달성할 때, 전체적인 그림이 눈에 들어올 때, 거기서 만족을 얻죠. 약간의 황홀경 같은 것입니다. 스포츠에서 슛을 성공했을 때처럼 말이죠. … 저는 의식이 있는 매개체로서 항상 사물 자체의 아름다움을 이끌어내는 일에 복무합니다. 제가할 일은 의식의 개입을 최소화하여 그 아름다움이 드러나는 일을 방해하지 않는 것입니다. 그래서 그림을 그릴 때 저는 저 자신을 잃습니다. … 그 마법에 가까워질 때마다 저는 무언가 나보다 큰 것이 존재한다는 것을 알게 됩니다. 심지어 진리조차 그저 아름다움을 위한 매개체에 불과합니다. 하나로 통합된 3개의 색에서 아름다움을 처음 보았을 때를 기억합니다. 너무 벅차다고 생각했죠. 마치 성지처럼 말입니다. 모세가 불타는 떨기나무를 보고 신발을 벗던 장면이 기억났습니다. 그와 비슷한 느낌이었죠."[46]

과학에서의 창의성은 발견과 발명의 중간 어디쯤에 있다. 세상에 대해 이미 확립된 사실들이 많이 나와 있기 때문이다. 리처드 파인먼은 이것을 구속복을 입고 창조 작업을 하는 것이라고 표현했다. 과학적 창의성은 알려진 것(기존의 실험을 통해 축적된 사실들)과 알려지지 않은 것(아직 탐구가 이루어지지 않은 물리 영역) 사이에서 일어난다. 물리학자 베르너 하이젠베르크Werner Heisenberg는 자서전에서 자신의 새로운 양자역학 이론으로 숨겨져 있던 원자의 세계를 설명할 수 있으리라는 것을 깨달았던 초월의 순간을 묘사했다. 1925년 5월 말에 그는 자신의 이론과 씨름하며 몇 달을 보내다가 꽃가루 알레르기 때문에 괴팅겐대학교에 2주간 병가를 냈다.

나는 곧장 헬리고랜드Heligoland로 갔다. 그곳에서 상쾌한 바다 공기를 마시며 빨리 회복할 수 있기를 바랐다. … 산책이나 수영 할 때를 제외하면 헬리고랜드에는 내가 문제에 집중하는 것을 방해할 만한 것이 없었다. … 수학 방정식의 첫 번째 항이 에너지 원리와 일치하는 것으로 보이자 나는 조금 흥분했고, 수많은 수학적 오류를 저지르기 시작했다. 그 결과 새벽 3시가 거의 다 되어서야 계산의 최종 결과가 내 앞에 놓이게 됐다. … 처음에는 깜짝 놀랐다. 마치 내가 원자 현상의 표면을 뚫고 이상하리만큼 아름다운 그 내면을 들여다보고 있는 것 같았다. 그리고 자연이 내 앞에 아낌없이 펼쳐 보여준 이 풍부한 수학적 구조물을 조사할 생각에 아찔한 기분이 들었다. 너무 흥분돼서 도저히 잠들 수가 없었다.[47]

문학에서 작가가 등장인물들의 행동을 모두 계획할 수는 없다. 모두가 계획대로만 움직이면 등장인물들이 생명력을 얻지 못한다. 여기에는 작가조차도 놀라게 만들 어떤 놀람의 요소가 존재해야 한다. 작가는 등장인물들에게 어찌어찌하라고 지시하는 것이 아니라 작품에서 완전히 사라지거나, 아니면 벽에 달라붙어 있는 파리처럼 등장인물들이 하는 말에 귀를 기울여야 한다. 1931년 초에 미국 여성봉사협회 연설에서 소설가 버지니아 울프는 자신의 창작 과정에 대해 이렇게 설명했다.

소설가의 가장 큰 소망은 최대한 무의식이 되는 것입니다. … 제가 무아지경의 상태에서 소설을 쓴다고 상상해 주면 좋겠네요. 한 소녀가 펜을 잡고 앉아서 몇 분 동안, 실은 몇 시간 동안 잉크통에 펜을 담그지 않는 모습을 상상해 보세요. 제가 이 소녀를 상상할 때 머릿속에 떠오르는 이미지는 낚시꾼이 깊은 호수 가장자리에 앉아 낚싯대를 물 위에 드리우고 꿈에 잠겨 있는 모습입니다. … 그 소녀의 상상력이 우리의 무의식 깊은 곳에 잠겨 있는 세계 구석구석을 거침없이 휩쓸며 지나가도록 내버려두는 것이죠.[48]

위에 나온 사례는 전문 과학자와 작가의 이야기지만 우리는 모두 방 꾸미기부터 피아노 연주, 마케팅 계획 수립, 출산에 이르기까지 창의적 초월의 일부를 경험해 본 적이 있다.

내가 직접 경험해 본 창의적 초월의 사례로 끝맺음을 하려 한다. 물리학과 대학원생 시절 내가 처음 연구한 과제 중 하나는 중력에 관한 것이었다. 모든 물체가 동일한 가속도로 낙하한다는, 실험적 관찰을 통해 확인된 사실이 아인슈타인의 이론과 경쟁 관계에 있는 '비계량 중력 이론nonmetric theory of gravity' 이라는 일군의 중력 이론들을 모두 배제할 수 있을 정도로 충분히 강력한지 묻는 과제였다. 물리학의 큰 그림에서 이것은 그렇게 중요한 질문은 아니었지만 아직 해답이 나와 있지 않은 과제였다. 공부와 연구를 시작한 초기에 풀어야 할 방정식을 모두 적는 데는 성공했다. 하지만 벽에 부딪히고 말았다. 중간 지점에서 제대로 된 결과가 나오지 않아 내가 실수했다는 것을 알 수 있었지만 어디서 실수했는지 찾을 수가 없었다. 매일 유리창도 없는 사무실에서 앞뒤로 서성거리며 각각의 방정식을 확인했지만 내가 무엇을 잘못했는지, 무엇을 놓쳤는지 도무지 알 수 없었다. 그러던 어느 날 아침이었다. 일요일이었던 것으로 기억한다. 새벽 5시쯤 잠에서 깼는데 다시 잠들 수 없었다. 내가 매우 흥분했다는 것이 느껴졌다. 내 머릿속에서 무슨 일인가 벌어지고 있었다. 나는 내 물리학 과제에 대해 생각하며, 그 문제를 깊이 들여다보고 있었다. 내 몸에 대한 감각이 전혀 느껴지지 않았다. 그것은 자아가 완전히 사라진 일종의 황홀경이었다. 정말 짜릿한 경험이었다.

내가 경험한 이 창의적 순간에 가장 가까운 물리적 비유로 바닥이 둥근 배를 타고 강한 바람 속을 항해할 때 일어나는 일을 들 수 있다. 일반적으로 배의 선체는 물속에 가라앉아 있기 때문에 물과의 마찰로 배의 속도가 크게 제한된다. 하지만 강한 바람 속에서는 이따금 배의 선체가 모두 물 밖으로 들어 올려지면서 마찰력이 거의 0으로 떨어질 때가 있다. 그럼 배가 쏜살같이 앞으로 튀어나간다. 이때는 마치 거대한 손이 돛대를 잡고 배를 앞으로 홱 잡아당기는 것처럼 느껴진다. 마치 매끈한 돌로 물수제비를 뜨듯 배가 수면을 스치며 나아간다. 이것을 '플래닝'이라고 한다. 나는 이날 아침 머릿속으로 플래닝을 하면서 일어났다. 무언가 나를 붙잡고 있었지만, 거기에 '나'는 없었다.

이런 감각이 물밀듯이 밀려오자 나는 내 머릿속에서 일어나는 정체 모를 이상한 마법을 방해할까 봐 겁이 나서 거의 경건한 마음으로 조심스럽게 침실에서 나왔다. 그리고 부엌 식탁으로 가서 계산을 하다가 구겨서 던져 버렸던 종이를 다시 펼쳤다. 그 후 몇 시간 만에 실수한 곳을 찾아서 문제를 풀 수 있었다. 내가 찾아내기 전까지 숨어 있었던, 우주에 관한 작은 진실 하나를 발견한 것이다. 하지만 그것을 발견하는 동안 '나' 혹은 적어도 에고는 사라지고 없었다.

◉

구름으로 덮인 선선한 6월 아침이었다. 나는 메인주 해안에 있는 만에서 카약을 타고 있었다. 하늘은 무無의 세계가 무한히 펼쳐진 듯 통째로 하얀색이었다. 해안선은 울퉁불퉁 굽이치고, 물과 육지가 만나는 꾸불꾸불한 선 너머로 낮은 덤불들이 나무로 바뀌고 있었다. 저 멀리 높은 지대에 목조 주택 하나가 서 있었다. 보아하니 버려진 집 같았지만 얼룩덜룩한 붉은 지붕과 창문이 여전히 사랑스러워 보였다.

카약을 타는 것은 명상과 비슷한 활동이다. 노 젓기의 리듬은 불교의 마음챙김 호흡 명상과 비슷하다. 오른쪽 노를 저었다가, 왼쪽을 저었다가, 다시 오른쪽, 그리고 왼쪽을 젓는다. 그렇게 천천히, 천천히 내 카약은 소리도 내지 않고 물 위를 미끄러져 나간다. 물가가 녹색과 주황색으로 녹아들며 한 편의 추상화로 변해간다. 그리고 다시 오른쪽, 왼쪽, 오른쪽, 왼쪽.

잠시 시간을 내어 이 마법의 순간을 깨고 내 생각을 적어본다. 이제 나는 내 몸, 의식이 있는 나의 뇌로 돌아왔다. 이쪽이 진짜 세상이고, 저쪽은 환상의 세계일까? 아니면 그 반대일지도 모른다. 이해하고 보니 영성의 모든 측면에서 나타나는 공통의 특성은 자아를 잃는 것, 내려놓는 것, 자기 밖에 있는 무언가를 기꺼이 포용하는 것, 말하기보다는 기꺼이 듣는 것, 우리는 작고 우주는 크다는 사실을 인정하는 것이었다. 잠시 나는 노 젓기를 멈추고 귀를 기울인다. 부드러운 심장박동 소리가 들리는 것 같다. 아니, 물가에 부드럽게 다가와 부딪히는 파도 소리인가?

5장

인간이 할 수 있는
가장 아름다운 경험, 신비

———

우리가 살고 있는 이상하고 아름다운 우주

The Transcendent Brain

"우리는 과거와 미래의 모든 것과 연결되어 있다 ."

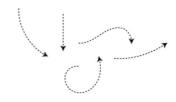

 스마트폰, 항생제와 백신, 비행기, 유전공학, 컴퓨터, 빅뱅, 원자 쪼개기, 화성에 가는 우주선, 양자물리학, 자율주행 자동차, 리탈린Ritalin*과 애더럴Adderall,** 레이저 등 우리는 과학과 기술의 시대에 살고 있다. 이런 발전 중 일부가 진취적인 종인 인류의 발전에 이롭게 작용했다는 것은 부정할 수 없지만, 이미 양극화되어 있던 사회를 더욱 양극화시킨 것도 사실이다.

• 정신홍분제의 일종으로 주의집중력 결핍 아동에게 투여한다.
•• 각성제의 일종으로 공부 잘되는 약으로 남용되는 경향이 있다. 한국에서는 불법 약물이다.

과학적 관점에서 영혼을 포용하는 법

한쪽 극단에는 과학이 단순히 인간을 달에 착륙시키는 것을 넘어 정부와 경제를 어떻게 구조화해야 하는지, 살인자의 사형 여부를 어떻게 판단할지, 그리고 다른 많은 사회적, 윤리적, 심지어 미학적 문제에 대한 해답을 모두 가지고 있을 거라는 믿음이 있다. 때로는 논리적 실증주의, 때로는 과학만능주의라고 불리는 이런 사고방식에 따르면 어떤 사안이나 현상을 과학적으로 분석할 수 없다면, 그것은 가치가 없는 것이다. 측정하거나, 무게를 재거나, 셀 수 없는 것이라면 고려할 가치가 없다. 이런 집단에 속하는 사람들은 인간적인 경험에서 영혼을 앗아가 버렸다는 비난을 받는다.

반대쪽 극단에는 꼭 과학 자체를 의심하는 것은 아니지만 과학 기관과 그 지도자들을 의심하는 사람들이 있다. 이 집단의 사람들은 대학교, 연구소, 과학 교수들을 평범한 노동자들의 삶을 찬탈한 엘리트 기득권층과 연관시킨다. 반과학주의라고도 불리는 이 집단은 자신의 신념과 충돌하는 사실과 증거를 무시하고 있다는 비난을 받는다. 최근 몇 년 동안 인간이 초래한 기후변화, 그리고 대통령 선거 결과를 부정하는 모습에서 이런 비난이 정당하다는 것이 부분적으로 입증됐다.

물론 우리 중에는 이 두 극단 사이의 어딘가에 해당하는 사람이 많다. 과학은 실제로 많은 질문에 답할 수 있지만, 모든 질문에 답할 수 있는 것은 아니다. 특히 사회적, 윤리적, 심미적 문제와 관련된 질문에는 답할 수 없다. 대부분의 과학자는 인간의 경험이 가지고 있는 가치와 타당성을 인정한다.

과학자들도 때로는 양쪽 극단의 관점을 의도치 않게 심화해 왔다. 과학 기관들이 특권을 누리고 있는 것은 사실이다. 과학과 기술 지식은 우리의 삶에 막강한 힘을 휘두르지만 그 지식에 통달할 수 있는 기술적 훈련을 받은 사람은 소수에 불과하다. 과학자들은 반과학주의 진영에 손을 내밀어 그들을 이해하려 노력할 필요가 있다. 그리고 반과학주의 진영의 사람들은 과학의 방법론, 그리고 과학자들이 지식을 습득하는 방식을 이해하려 노력할 필요가 있다.

직접적이지는 않더라도 이 책에서 다루려는 내용과 관련된 주제가 하나 있다. 근래 들어 한 무리의 과학자 및 철학자 집단에서 과학적 논증을 이용해서 신에 대한 믿음을 약화시키려 하고 있다. 이런 사람들을 '신무신론자'라고 부른다. 2018년 9월에 나는 신무신론자들 중에서 가장 저명한 인물인 리처드 도킨스Richard Dawkins와 임페리얼 칼리지 런던에서 토론을 벌였다.[1] 나는 내가 개인적으로 체험했던 초월적 경험에 대해 설명한 다음, 그런 영적 경험이 그림, 음악, 문학, 사랑 등 수천 년 동안 인간의 조건을 관통하며 흘러온, 세상에 대한 감정과 반응의 깊은 흐름 중 일부라 말했다. 이것은 레제지 동굴과 라스코 동굴에서 발견된 크로마뇽인의 그림 속에서도 확인할 수 있다. 그리고 베토벤의 교향곡 '영웅'에서도 들어볼 수 있다.

초월적 경험은 수량적으로나 논리적으로 이해할 수 없을지도 모른다. 적어도 물리학자들이 공을 2미터 높이에서 떨어뜨렸을 때 바닥에 떨어지기까지 걸리는 시간을 계산하는 방식으로는 이해할 수 없을 것이다. 내 말이 끝나자 도킨스가 연단으로 걸어 나와 초월적 경험에서 내가 자기를 초월할 수는 없을 것이라고 말했다. 그는 당연히 자기도 그런 경험을 한 적이 있다고 했다. 하지만 초월적 경험 뒤에 숨어 있는 것과 동일한 욕망과 충동에서 비롯된 것이 분명한 종교적 믿음에 관해서 도킨스는 신앙을 가진 사람들을 '생각 없는 사람들'이라 치부하고, 종교를 '말도 안 되는 헛소리'라고 규정했다.[2] 과학계를 선도하는 대표적인 인물이 이런 태도를 보이는 것은 서로 다른 집단 간의 분열을 심화시킬 뿐이다.

과학은 결코 신이 존재하지 않음을 증명할 수 없다. 신은 물리적 우주 바깥에 존재할 수도 있기 때문이다. 그렇다고 종교가 신의 존재를 증명할 수도 없다. 신에 의해 생긴 것이라고 주장하는 현상과 경험이 모두 원리적으로는 무신론적 원인에 의한 것이라는 설명이 가능하기 때문이다. 내가 여기서 제안하고자 하는 바는 세상에 대한 과학적 관점을 받아들이면서 동시에 세상의 물리적 토대로는 온전히 포착하거나 이해할 수 없는 경험을 포용할 수 있다는 것이다. 이런 관점이 모든 사람을 만족시키지는 못할 것이다. 하지만 많은 이에게 과학과 영성을 모두 긍정하며 살아가는 방법을 알려줄 수 있을 것이다. 우리에게 필요한 것은 과학의 원동력인, 세상의 작동 방식을 알고 싶은 욕구와 우리가 제대로 이해하지 못하는 무언가에 순응하고자 하는 의지 사이에서 균형을 잡는 것이다. 앞에서 얘기했듯이 우리 인간은 실험자인 동시에 경험자다.

우리는 모든 것과 연결되어 있다

1931년에 아인슈타인이 남긴, 내가 정말 좋아하는 명언이 있다. "우리가 경험할 수 있는 가장 아름다운 경험은 신비다. 이것이야말로 진정한 예술과 진정한 과학의 요람을 나타내는 근본적인 감정이다."[3] 아인슈타인이 말한 '신비'는 무슨 의미일까? 그것이 초자연적인 것이나 영원히 알 수 없는 것을 의미한다고는 생각하지 않는다. 내 생각에 그것은 아는 것과 아직 모르는 것 사이에 존재하는 마법의 영역을 의미하는 것 같다. 그곳은 우리를 도발하고 창의성을 자극하며, 우리에게 놀라움을 가득 안겨주는 장소다. 과학자와 예술가, 신을 믿는 자와 믿지 않는 자 모두 두려움도 불안도 없이, 우리가 살고 있는 이 이상하고 아름다운 우주에 대한 경외심과 경이로움으로 기지와 미지 사이의 벼랑 위에 설 수 있다.

나는 대학에서 물리학을 전공하면서 하늘이 파란 이유를 배웠다. 하늘이 파랗게 보이는 이유는 완전한 색 스펙트럼으로 이루어진 햇빛이 지구로 들어오면서 공기 분자와 충돌할 때, 그 분자 속의 전자가 빛과 반응하여 스펙트럼의 끝에 있는 짧은 파장의 빛을 긴 파장의 빛보다 훨씬 더 강하게 산란시키기 때문이다. 그래서 태양과 떨어진 곳을 바라볼 때는 이 산란된 빛만 보인다. 이 현상은 1871년에 처음 이를 구체적으로 밝혀낸 영국의 물리학자 레일리Rayleigh 경의 이름을 따서 레일리 산란이라고 부른다. 이 현상을 계산하면서 레일리 경은 제임스 클러크 맥스웰(2장 참고)이 발견한 전자기 방정식을 이용했다. 그럼 그 방정식은 어디서 나왔을까?

맥스웰 방정식은 어떤 에너지장과 그 대칭성의 행동을 기술할 때 필요하다. 그럼 그런 에너지장과 대칭성은 왜 존재할까? 그 부분에 관해서는 로저 펜로즈에게 물어보면 된다. 그는 이것이 모두 수학에서 나왔다고 말할 것이다. 그리고 이렇게 덧붙인다. "어떻게 이 모든 것이 수학에서 나올 수 있는지 참 신비로운 일입니다." 실을 충분히 잡아당기다 보면 궁극적으로는 신비에 도달하게 된다. 나는 스무 살에 하늘이 파랗게 보이는 이유를 배웠지만, 우주에 대한 나의 경외감은 조금도 줄어들지 않았다.

마지막으로 내가 생각하는 영적 유물론을 그림으로 그려보려고 한다. 우리 몸속에 있는 원자들은 가장 작은 원소인 수소와 헬륨을 제외하면 모두 항성의 중심부에서 만들어졌다는 훌륭한 과학적 증거가 있다. 만약 우리 몸의 원자 하나하나에 모두 꼬리표를 붙여서 우리가 숨 쉰 공기, 먹은 음식으로 거슬러 올라가고, 지구의 지질학적 역사를 거쳐 고대의 바다와 토양으로 거슬러 올라가고, 다시 태양의 성운 구름에서 지구가 형성되던 시간을 지나 성간 공간까지 거슬러 올라갈 수 있다면, 원자들 각각의 기원을 옛날 은하계에 존재했던 특정 거대 항성으로 추적해 올라갈 수 있을 것이다. 이 항성들이 수명을 다하고 폭발하면서 새로 만들어진 원자들을 우주 공간으로 뿜어냈고, 이 원자들이 나중에 행성과 바다, 식물, 그리고 지금 당신의 몸으로 응축되었다. 우리는 망원경으로 항성 폭발을 관찰했기 때문에 이런 일이 일어나고 있다는 것을 알게 됐다.

시간을 거꾸로 거슬러 올라가지 않고 앞으로 돌려 나의 죽음과 그 너머로 가보자. 내 몸을 구성하고 있던 원자들은 그대로 남아 있을 것이다. 다만 여기저기 흩어질 뿐이다. 그 원자들은 자기가 어디서 왔는지 알 수 없겠지만, 나의 원자였다는 것은 분명한 사실이다. 그중 어떤 원자는 한때 내 어머니가

보사노바 춤을 추는 것을 보았던 기억의 일부였을 것이고, 어떤 원자는 한때 내 손의 일부였을 것이다. 만약 지금 이 순간 내 몸을 이루는 원자 하나하나에 꼬리표를 붙이고, 주민등록번호를 새겨 넣을 수 있다면 누군가는 그 원자가 다음 1000년 동안 공중을 떠다니다 흙과 합쳐져 특정 식물과 나무의 일부가 되고, 바다로 녹아들었다가 다시 공기 속으로 떠다니는 과정을 추적할 수 있을 것이다. 그리고 어떤 원자는 분명 다른 사람, 어떤 특정 인물의 일부가 될 것이다. 그렇다면 우리는 말 그대로 별과 연결되어 있고, 미래 세대의 사람들과도 연결되어 있는 셈이다. 이런 관점에서 보면 물질적인 우주에서도 우리는 과거와 미래의 모든 것과 연결되어 있다.

감사의 말

원고를 보고 도움이 되는 의견과 통찰력을 보여준 레베카 골드스타인과 크리스티안 맨들에게 감사의 마음을 전한다. 그리고 나와 대화를 나눠준 크리스토프 코흐와 신시아 프란츠에게도 감사드린다. 또 내 작업에 지속적인 열정을 보여준 에이전트 데보라 슈나이더에게 감사한다. 그리고 나를 훌륭하게 이끌어주고, 편집 관련 제안도 해준 판테온 출판사의 편집자 에드워드 카스텐마이어에게도 감사의 말을 전한다. 마지막으로 판테온 출판사에서 오랫동안 내 담당 편집자로 함께했던 전 편집자 댄 프랭크에게 경의를 표한다. 그는 이 세상과 우리 모두의 곁을 너무 일찍 떠났다.

미주

서문

1 Alan Lightman, "Does God Exist?," *Salon*, October 2, 2011. 내가 종교를 옹호하고 있다는 반박과 비난에 대해서는 다음의 자료를 참고하라. "When Atheists Fib to Protect God," by Daniel Dennett, *Salon*, October 11, 2011.

2 최근에 나는 2021년 10월 10일 말레이시아에서 열린 국제 빅싱크 서밋에서 저명한 이슬람 학자 오스만 바카르Osman Bakar와 대담을 나누었다. 오스만 교수는 신의 존재를 증명할 수 없다는 나의 의견에 강하게 반박하며, 성서와 개인적 경험 모두에서 '계시'는 우리가 신이 존재함을 알고 있음을 보여준다고 말했다.

1장 비물질적 영혼에 대한 오래된 믿음
순수하고 영원하며 불멸하고 불변하는 영혼

1 '모제스 멘델스존을 찾아온 레싱과 라바터Lavater and Lessing Visit Moses Mendelssohn'(1856년)는 모리츠 다니엘 오펜하임Moritz D. Oppenheim의 그림이다.

2 Israel Abrahams, "MenLighdelssohn, Moses," *Encyclopaedia Britannica*, 11th ed. (Cambridge, UK: University of Cambridge, 1911).

3 Shmuel Feiner, *Moses Mendelssohn, Sage of Modernity*, 다음의 자료를 번역. Hebrew by Anthony Berris (New Haven: Yale University Press, 2010). 이 자료는 멘델스존에 관한 훌륭한 자서전이지만 참고문헌과 출처가 온전히 실려 있지 않다.

4 위와 동일. p. 200.

5 Moses Mendelssohn, *Phädon, or the Immortality of the Soul*, 패트리샤 노블Patricia Noble이 독일어에서 번역 (New York: Peter Lang Publishing, 2007), p. 42.

6 위와 동일, p. 120.

7 Feiner, *Moses Mendelssohn*, p. 77.

8 "A Heavyweight Musical Boxing Match: Franz Liszt vs. Felix Mendelssohn," *Interlude*, March 3, 2020, https://interlude.hk/a-heavyweight-musical-boxing-match-franz-liszt-vs-felix-mendelssohn/.

9 Mendelssohn, *Phädon*, p. 18.

10 *The Ancient Egyptian Pyramid Texts*, 2nd ed., 다음의 자료를 번

역. James P. Allen (Atlanta: SBL Press, 2015), p. 34.

11 Mendelssohn, *Phädon*, p. 123.

12 위와 동일, p. 83

13 영혼에 대한 중국의 철학에 관한 사례로는 다음의 자료를 참고 하라. https://www.encyclopedia.com/environment/encyclopedias-almanacs-transcripts-and-maps/soul-chinese-concepts.

14 Srimad-Bhagavatam 7.2.22, 다음의 자료로 번역. A. C. Bhaktivedanta Swami Prabhupada, https://prabhupada.io/books/sb/7/2/22.

15 달라이 라마는 폴 하워드Paul Howard가 감독한 대중 텔레비 전 프로그램인 'Infinite Potential: The Life and Ideas of David Bohm(2020)'에서 불교의 '내면 공간'에 대해 이야기했다.

16 https://www.pewresearch.org/fact-tank/2015/11/10/most-americans-believe-in-heaven-and hell/.

17 https://d25d2506sfb94s.cloudfront.net/cumulus_uploads/document/wo6pg9rb3c/Results%20for%20YouGov%20RealTime%20(Halloween%20Paranormal)%20237%2010.1.2019.xlsx%20%20[Group].pdf

18 플라톤의 『파이돈』, 다음의 자료를 번역. Benjamin Jowett, *in Great Books of the Western World*, vol.7 (Chicago: Encyclopaedia Britannica, 1952), p. 231.

19 Saint Augustine, letter 166.2.4, *in Letters 156–210*, 다음의 자료를 번역. R. Teske (New York: New York City Press, 2004).

20 Augustine, *Greatness of the Soul* 13.22, 다음의 자료를 번역. Joseph M. Colleran, in *The Greatness of the Soul, The Teacher*, ed. Johannes Quasten and Joseph Plumpe (New York: The Newman

Press, 1950).

21 St. Thomas Aquinas, *Summa Theologica*, "Treatise on Man," question LXXV, 다음의 자료를 번역. Fathers of the English Dominican Province, in *Great Books of the Western World*, vol.19 (Chicago: Encyclopaedia Britannica, 1952), pp. 378~379.

22 위와 동일, question LXXVII, p. 406.

23 르네 데카르트, 『방법서설』(1637년), 다음 자료의 라틴어를 번역. Elizabeth S. Haldane and G. R. T. Ross, in *Great Books of the Western World*, vol.31 (Chicago: Encyclopaedia Britannica, 1952), pp. 51~52.

24 르네 데카르트, *The Passions of the Soul*, part 1, art. 30, 다음의 자료로 번역. Stephen Voss (Indianapolis: Hackett Publishing Company, 1989), p. 35.

25 J. C. Eccles, "Hypotheses Relating to the Brain-Mind Problem", *Nature*, 168, July 14, 1951 (4263): 53~57.

26 Leibniz's Theodicy(1711). 다음의 자료를 참고하라. Gottfried Leibniz, *Discourse on Metaphysics and Other Essays*, trans. and ed. Daniel Garber and Roger Ariew (Indianapolis: Hackett, 1991), pp. 3~55.

27 Gottfried Leibniz, *Monadology*, 다음의 자료를 번역. Lloyd Strickland (Edinburgh: Edinburgh University Press, 2014), axiom 3.

28 https://www.youtube.com/watch?v=rWeFuPnVRGw.

29 랍비 미카 그린스타인, 2016년 1월 5일 앨런 라이트먼과의 인터뷰.

30 Mendelssohn, *Phädon*, p. 83.

31 Feiner, *Moses Mendelssohn*, pp. 31~32.

32 David Hume,"Of Miracles," in *An Enquiry Concerning Human Understanding*(1748), in *Harvard Classics*, vol. 37 (Cambridge, MA: Harvard University Press: 1910), p. 403.

33 Lorraine Daston and Katharine Park, *Wonders and the Order of Nature* (New York: MIT Press/Zone Books, 1998).

34 린데의 영원한 혼돈 급팽창 모형에 대한 리뷰는 다음의 자료를 참고하라. Andrei Linde, "The Self-Reproducing Inflationary Universe," *Scientific American*, November 1994.

2장 물질로 이루어진 육체와 영혼
세상에서 가장 작은 단위, 원자로 이루어진 세계

1 다음의 링크를 참고하라. https://www.thecollector.com/death-in-ancient-rome/.

2 Thucydides, *History of the Peloponnesian War*, 2.49, in *Great Books of the Western World*, vol. 6 (Chicago: Encyclopaedia Britannica, 1952).

3 From *Gorgias*, one of the dialogues of Plato, 다음의 자료를 번역. Benjamin Jowett, in *Great Books of the Western World*, vol. 7 (Chicago: Encyclopaedia Britannica, 1952), pp. 292~293.

4 Virgil, *The Aeneid*, book VI, 다음의 자료를 번역. John Dryden, Project Gutenberg, 1995, https://www.gutenberg.org/files/228/228-h/228-h.htm.

5 Lucretius, *De rerum natura(On the Nature of Things)*, book III,

435-40, 다음의 자료를 번역. W. H. D. Rouse (Cambridge, MA: Harvard University Press, 1982), p. 221; 830, p. 253.

6 Cicero, *Epistulae ad quintum fratrem* 2.10.3, 기원전 54년 2월 *Letters to Friends*, Volume I: Letters 1-113, 편집 및 번역. D. R. Shackleton Bailey. Loeb Classical Library (Cambridge, MA: Harvard University Press, 2001), p. 205. 키케로가 자신의 형제 퀸투스에게 보낸 문장은 다음과 같다. *"Lucreti poemata, ut scribis, ita sunt, multis luminibus ingeni, multae tamen artis."*

7 포지오 브라치올리니와 그가 『사물의 본성에 관하여』를 구출한 이야기에 대한 설명은 다음의 책을 참고하기 바란다. *The Swerve: How the World Became Modern by Stephen Greenblatt*(New York: W. W. Norton, 2011).

8 Lucretius, *De rerum natura*, book VI, 160-62, p. 505.

9 Rudolf Helm, *Werke*, Band 7, *Die Chronik des Hieronymus/Hieronymi Chronicon* (Berlin, Boston: De Gruyter, 2013), p.149. 다음의 자료도 참고. *Lucretius*, trans. W. H. D. Rouse and M. F. Smith (Cambridge, MA: Harvard University Press, 1982), p. x.

10 Lucretius, *De rerum natura*, book III, 425-40, pp. 221~223.

11 위와 동일, 451-52, p. 223.

12 https://www.pewresearch.org/fact-tank/2015/11/10 /most-americans-believe-in-heaven-and-hell/

13 왕충, 『논형』, 1부, 다음의 자료를 번역. the Chinese by Alfred Forke (London: Luzac and Co., 1907), p. 207; "From the time," p. 193.

14 *Alhacen's Theory of Visual Perception*, book I, 6.54, vol. 2, 다음의

자료를 번역 A. Mark Smith (Philadelphia: American Philosophical Society, 2001), p. 372.

15 바르테즈에 관한 추가적인 정보는 다음의 자료에서 그에 관한 항목을 참고하기 바란다. *Dictionary of Scientific Biography*, vol. 1 (New York: Charles Scribner's Sons, 1981), p. 478.

16 Jöns Jacob Berzelius, *Lärbok i kemien*(1808), 다음의 자료에서 번역 및 인용. Henry M. Leicester, "Berzelius," *Dictionary of Scientific Biography*, vol. 2(New York: Charles Scribner's Sons, 1981), p. 96.

17 Jean Antoine Chaptal, *Chemistry Applied to Arts and Manufactures*, vol. 1, 다음의 자료를 번역. W. Nicholson (London: Richard Phillips, 1807), p. 50.

18 John Milton, *Paradise Lost*(1658-63), book VIII, in *Harvard Classics*, vol. 4, ed. Charles W. Eliot (New York: P. F. Collier & Son, 1937), p. 245.

19 Jacques Roger in *Dictionary of Scientific Biography*, vol. 2 (New York: Charles Scribner's Sons, 1981), pp. 577, 579.

20 "On Floating Bodies" (ca. 250 BC), in *The Works of Archimedes*, ed. T. L. Heath (Cambridge: Cambridge University Press, 1897), book I, prop. 5.

21 갈릴레오의 낙하체의 법칙에 관해서는 다음의 자료를 참고하기 바란다. *Dialogues Concerning the Two NewSciences*, third day, theorem II, prop. 2, 다음 자료의 이탈리어를 번역. Henry Crew and Alfonso de Salvio, in *Great Books of the Western World*, vol. 28 (Chicago: Encyclopaedia Britannica, 1952), p. 206.

22 Galileo Galilei, *Sidereus nuncius*(1610), 오리지널 라틴어를 다음 의 자료에서 번역하고 주석 붙임. Albert Van Helden (Chicago: University of Chicago Press, 1989), p. 36.

23 Galileo, *Opere*, 11, no. 675, 295-97, p. 296, 다음 자료의 이탈 리아어를 번역. John Michael Lewis, *Galileo in France: French Reactions to the Theories and Trial of Galileo* (New York: Peter Lang Publishing, 2006) p. 94.

24 Aristotle, *On the Heavens*, book I, ch. 3, 다음 자료의 그리스어 를 번역. W. K. C. Guthrie, in the *Loeb Classical Library*, vol. 6 (Cambridge, MA: Harvard University Press, 1971), pp. 23~25.

25 Richard Feynman, *The Character of Physical Law* (Cambridge: MIT Press, 1965), p. 14.

26 *Annalen der Chemie und Pharmacie* 42(1843), 다음 자료의 프 랑스어를 번역 G. C. Foster in *Philosophical Magazine*, series 4, vol.24(1862), p. 271; 다음 자료에서 재인쇄. A Source Book in Physics, ed. W. F. Magie (New York: McGraw- Hill, 1935), pp. 197~201.

27 Lucretius, *De rerum natura*, book I, 107-110, p. 13.

28 위와 동일, book II, 216-60, pp. 113~15.

29 위와 동일, book II, 1067-176, p. 179.

30 플라톤의 『파이돈』, 다음에서 번역. Benjamin Jowett, in *Harvard Classics*, vol. 2 (New York: P. F. Collier & Son, 1909), p. 51.

31 Saint Augustine, *On the Trinity*, book XIII, ch.8, 다음의 자료에 서 번역. Arthur West Haddan (Edmond, OK: Veritas Splendor Publications, 2012), http://www.logoslibrary.org/augustine/

trinity/1308.html.

32 2000명의 현업 의사를 대상으로 진행한 설문조사. "Survey Shows That Physicians Are More Religious Than Expected," University of Chicago Medicine, June 22, 2005, https://www.uchicagomedicine. org/forefront/news/survey-shows-that-physicians-are-more-religious-than-expected.

33 2019년 7월 17일 매사추세츠 종합병원에서 앨런 라이트먼과의 인터뷰.

34 "Religion Among the Millennials," Pew Research Center, https://www.pewforum.org/2010/02/17/religion-among-the-millennials/.

35 2020년 10월 14일 케임브리지에서 앨런 라이트먼과의 인터뷰.

36 Lucretius, *De rerum natura*, book I, 140–45, p. 15.

37 위와 동일, book III, 320–22, p. 213.

38 위와 동일, book II, 25–35, p. 97.

39 위와 동일, book IV, 209–15, p. 293.

3장 유일하고 고유한 '나'라는 감각
뇌가 만들어내는 사랑과 미움, 황홀경, 유대감

1 Steve Paulson, "What is this thing called consciousness?" *Nautilus*, April 6, 2017.

2 Kevin Berger, "Ingenious: Christof Koch," *Nautilus*, April 15, 2019.

3 Thomas Nagel, "What Is It Like to Be a Bat?" *The Philosophical Review* 83, no. 4 (October 1974): 435–50.

4 A. Revonsuo, Consciousness: *The Science of Subjectivity* (Hove: Psychology Press, 2010), p. 30.

5 Peter McGinn, *The Mysterious Flame*, Conscious Minds in a Material World (New York: Basic Books, 1999), p. 212.

6 위와 동일, p.xi.

7 Christof Koch, *The Quest for Consciousness* (Englewood, CO: Roberts and Company, 2004).

8 N. Tsuchiya and C. Koch, "Continuous Flash Suppression Reduces Negative After Images," *Nature Neuroscience* 8, no. 8 (2005): 1096–101.

9 F. C. Crick and C. Koch, "Towards a neurobiological theory of consciousness," *Seminars inNeuroscience* 2, no. 263 (1990). 폰 데어 말스부르크의 1980년대 초기 연구에 대한 리뷰는 다음 의 자료에 나와 있다. C. von der Malsburg, "The what and why of binding: The modeler's perspective," *Neuron* 24, no. 95 (1999).

10 데시몬과 다니엘 발다우프의 연구 결과는 다음의 자료에 발표 되었다. "Neural Mechanisms for Object-Based Attention," *Science* 344, no. 6182 (April 2014): 424–27.

11 이 인용문과 데시몬의 다른 인용문들은 2014년 9월 17일에 MIT 의 그의 사무실에서 내가 인터뷰한 내용에서 가져왔다.

12 2021년 7월 15일 코흐와의 줌 인터뷰.

13 위와 동일.

14 뇌의 무게 외 지능에 관한 내용은 다음의 자료를 참고하라.

Christof Koch, "Does Brain Size Matter?" *Scientific American Mind*, January/February 2016, p.22.

15 최초의 논문 중 하나로 다음의 자료를 참고하라. Crick and Koch, "Towards a Neurobiological Theory of Consciousness." 좀 더 최근의 논문 중 하나는 다음을 참고하라. Todd E. Feinberg and Jon Mallatt, "Phenomenal Consciousness and Emergence: Eliminating the Explanatory Gap," *Frontiers of Psychology*, June 12, 2020.

16 J. O'Keefe and J. Dostrovsky, "The hippocampus as a spatial map. Preliminary evidence from unit activity in the freely-moving rat," *Brain Research* 34 (1971): 171-75.

17 T. Hafting, M. Fyhn, S. Molden, et al., "Microstructure of a spatial map in the entorhinal cortex," *Nature* 436, no. 7052 (2005): 801-6.

18 일례로 다음의 자료를 참고하라. Matthias Stangl et al., "Compromised Grid-Cell-like Representations in Old Age as a Key Mechanism to Explain Age-Related Navigational Deficits," *Current Biology* 28, no. 7 (April 2, 2018): 1108-115.

19 Koch, *The Quest for Consciousness*, p. 10.

20 인식 설문조사, The Center for Outcome Measurement in Brain Injury, 2004, http://www.tbims.org/combi/aq.

21 Mark Sherer, Tess Hart, Todd Nick, et al., "Early Impaired Self-Awareness After Traumatic Brain Injury," *Archives of Physical Medical Rehabilitation* 84, no. 2 (February 2003): 168-76.

22 뇌 손상 이후의 기억 상실에 대한 리뷰는 다음의 자료를 참고하라. Eli Vakil, "The Effect of Moderate to Severe Traumatic Brain Injury (TBI) on Different Aspects of Memory: A Selective Review,"

Journal of Clinical and Experimental Neuro psychology 27, no. 8 (2005): 977–1021.

23 https://www.dementia.org.au/about-us/news-and-stories/stories/day-25-leo-tas. 지금은 폐기된 사이트에 나온 그의 이야기. "In Our Own Words: Younger Onset Dementia," https://fightdementia.org.au/files/20101027-Nat-YOD-InOurOwnWords.pdf.

24 LSD가 세로토닌에 미치는 영향에 관한 연구는 다음의 자료를 참고하라. Wacker et al., "Crystal Structure of an LSD-Bound Human Serotonin Receptor," *Cell* 168 (January 26, 2017): 377–89.

25 https://www.reddit.com/r/LSD/comments/4i3c70/diary_of_a_solo_acid_trip progression_and/.

26 Diana Reiss and LoriMarino, "Mirror self-recognition in the bottlenose dolphin: A case of cognitive convergence," *Publications of the National Academy of Sciences*, 98, no. 10 (May 8, 2001): 5937–42.

27 https://www.youtube .com/watch?v=YbdNtC4V3IM.

28 https://www.youtube .com/watch?v=UrONJIoaIgU

29 M. J. Beran, J. D. Smith, and B. M. Perdue, "Language-trained chimpanzees name what they have seen, but look first at what they have not seen," *Psychological Science* 24, no. 5 (May 2013): 660–66.

30 James R. Anderson, Alasdair Gillies, and Louise C. Lock, "Pan Thanatology," *Current Biology* 20, no. 8 (April 27, 2010): PR349–51.

31 의식에 대한 파인버그와 말럿의 연구는 다음의 자료를 참고하라. Todd E. Feinberg and Jon Mallatt, "Phenomenal Consciousness and Emergence: Eliminating the Explanatory Gap," *Frontiers of*

Psychology, June 12, 2020.

32 G. Tononi, "An information integration theory of consciousness," *BMC Neuroscience* 5, no. 42 (2004); G. Tononi and C. Koch, "Consciousness: Here, there and everywhere?" *Philosophical Transactions of the Royal Society B* 370: 20140167 (2015).

33 Berger, "Ingenious: Christof Koch."

34 2021년 7월 15일 줌을 통한 코흐와의 인터뷰.

35 창발주의에 대한 밀의 논의는 다음의 자료를 참고하라. John Stewart Mill, *A System of Logic, Ratiocinative, and Inductive* (London: Longmans, Green and Co., 1843); 8th ed. (New York: Harper and Brothers, 1882), ch. 6, p. 459.

36 가장 큰 컴퓨터의 저장 용량은 다음의 자료를 참고하라. https://www.forbes.com/sites/aarontilley/2017/05/16/hpe-160-terabytes-memory/?sh=62c847b6383f; 사람 뇌의 저장 용량에 대해서는 다음의 자료를 참고하라. https://www.scientificamerican.com/article/what-is-the-memory-capacity/.

37 Koch, *The Quest for Consciousness*, p. 10.

38 2021년 7월 15일 줌을 통한 코흐와의 인터뷰.

4장 뇌가 만드는 경이로움의 순간
한 알의 모래에서 세계를 보고

1 "한 알의 모래에서 세계를 보고"는 윌리엄 블레이크의 시 '순수의 전조Auguries of Innocence'의 첫 행이다.

2   William James, *Varieties of Religious Experience* (1902), BiblioBazaar ed. (2007), p. 71.

3   Rabindranath Tagore, *Gitanjali*, 다음으로 번역 W. B. Yeats(New York: The MacMillan Company, 1916), 1연, p. 1; "the same stream of life," 69연, pp. 64~65.

4   Ibn Ishaq, *The Life of Muhammad*, 번역. Alfred Guillaume(Oxford: Oxford University Press, 1967).

5   출애굽기 3장2절

6   다음의 자료를 참고하라. Stephen Jay Gould and Richard Lewontin, "The Spandrels of San Marco and the Panglossian Paradigm: A Critique of the Adaptationist Programme," *Proceedings of the Royal Society of London B*, 205, no. 1161 (1979).

7   Ralph Waldo Emerson, "Nature" (1836), in *The Harvard Classics*, vol. 5 (New York: P. F. Collier & Son, 1909), p. 229.

8   E. O. Wilson, *Biophilia* (Cambridge, MA: Harvard University Press, 1984), prologue.

9   Erich Fromm, *The Heart of Man* (New York: Harper and Row, 1964).

10 Wilson, *Biophilia*, pp. 105~106.

11 Ronald D. Bassar, Michael C. Marshall, Andrés López-Sepulcre, et al., "Local adaptation in Trinidadian guppies alters ecosystem processes," *Proceedings of the National Academy of Sciences* 107, no. 8 (February 23, 2010): 3616.

12 F. S. Mayer and C. M. Frantz, "The connectedness to nature scale: A measure of individuals' feeling in community with nature,"

Journal of Environmental Psychology 24 (2004): 503–15.

13 행복과 웰빙을 측정하는 다양한 방법에 대한 리뷰는 다음의 자료를 참고하라. Philip J. Cooke, Timothy P. Melchert, and Korey Connor, "Measuring Well Being: A Review of Instruments," *The Counseling Psychologist* 44, no. 5 (July 1, 2016): 730–57.

14 Colin Capaldi, Raelyne L. Dopko, and John Michael Zelenski, "The relationship between nature connectedness and happiness: A meta-analysis," *Frontiers in Psychology* 5 (September 2014).

15 2021년 8월 11일 신시아 프란츠와 앨런 라이트먼의 인터뷰. 프란츠의 인용문은 모두 이 인터뷰에서 나온 것이다.

16 Stuart West, "Competition Between Groups Drives Cooperation within Groups," the Leakey Foundation, August 1, 2016, https:// leakey foundation .org /the -evolutionary -benefits -of -cooperation/.

17 2021년 1월 27~31일 니콜슨 브라우닝과 앨런 라이트먼의 인터뷰.

18 D. Russell, L. A. Peplau, and C. E. Cutrona, "The revised UCLA loneliness scale: Concurrent and discriminant validity evidence," *Journal of Personality and Social Psychology* 39 (1980): 472–80.

19 Andrew Steptoe, Natalie Owen Sabine, R. Kunz-Ebrecht, and Lena Brydon, "Loneliness and neuroendocrine, cardiovascular, and inflammatory stress responses in middle-aged men and women," *Psychoneuroendocrinology* 29, no. 5 (June 2004): 593–611.

20 C. DeWall, T. Deckman, R. S. Pond, and I. Bonser, "Belongingness as a Core Personality Trait: How Social Exclusion Influences Social Functioning and Personality Expression," *Journal of Personality* 79, no. 6 (2011): 979–1012. 다음의 자료도 참고하라. J. Panksepp, B.

H. Herman, R. Conner, et al., "The biology of social attachments: Opiates alleviate separation distress," *Biological Psychiatry* 13 (1978): 607.

21 G. MacDonald and M. R. Leary, "Why does social exclusion hurt? The relationship between social and physical pain," *Psychological Bulletin* 131 (2005): 202–23.

22 H. F. Harlow, "The nature of love," *American Psychologist* 13, no. 12 (1958): 673–85; H. F. Harlow, R. O. Dodsworth, and M. K. Harlow, "Total Social Isolation in Monkeys," Proceedings of the National Academy of Sciences 54, no. 1 (June 1965): 90–97; H. A. Cross and H. F. Harlow, "Prolonged and progressive effects of partial isolation on the behavior of macaque monkeys," *Journal of Experimental Research in Personality* 1 (1965): 39–49.

23 Ruth Feldman, Arthur I. Eidelman, Lea Sirota, and Aron Weller, "Comparison of skin-to-skin (kangaroo) and traditional care: Parenting outcomes and preterm infant development," *Pediatrics* 110, 1 pt. 1 (July 2002): 16–26.

24 Cynthia Frantz, F. Stephan Mayer, Chelsey Norton, and Mindi Rock, "There is no 'I' in nature: The influence of self-awareness on connectedness to nature," *Journal of Environmental Psychology* 25 (2005): 427–36.

25 서양인의 심리와 동양인의 심리 사이의 차이에 대한 훌륭한 분석 자료로는 이 영역의 선도적 연구자인 Joseph Henrich의 *The Weirdest People in the World* (New York: Farrar, Straus, and Giroux, 2020)를 참고하라. 그리고 다음의 자료도 참고하라.

"How East and West Think in Profoundly Different Ways," by David Robson, *The Human Planet*, January 19, 2017.

26 Plato, *Apology*, 38, 다음의 자료로 번역. Benjamin Jowett, in *Great Books of the Western World*, vol. 7 (Chicago: Encyclopaedia Britannica, 1952), p. 210.

27 *The Analects of Confucius*, 1.4, 다음의 자료로 번역. Robert Eno, https://chinatxt.sitehost.iu.edu/Analects_of_Confucius_(Eno-2015).pdf.

28 Frederick Jackson Turner, "The Significance of the Frontier in American History" (1893), https://www.historians.org /about -aha -and -membership/aha-history-and-archives/historical -archives/the-significance-of-the-frontier-in-american -history-(1893).

29 Shinobu Kitayama, Keiko Ishii, Toshie Imada, et al., "Voluntary settlement and the spirit of independence: Evidence from Japan's northern frontier," *Journal of Personality and Social Psychology* 91, no. 3 (2006): 369.

30 원래는 *Forum and Century* 84 (1931): 193-94에 발표됐다. 다음의 자료에 재인쇄: Albert Einstein, Ideas and Opinions, 번역. Sonja Barmann (New York: The Modern Library, 1994), p. 8.

31 Plato, *Timaeus*, 다음의 자료로 번역. Benjamin Jowett, in *Great Books of the Western World*, vol.7 (Chicago: University of Chicago Press, 1952), p. 452.

32 Sigmund Freud, *Civilization and Its Discontents*(1930), 다음의 자료로 번역. James Strachey (New York: W. W. Norton, 1961), pp.

11~12.

33 Ernest Becker, *The Denial of Death* (New York: The Free Press, 1973), p. xvii.

34 2021년 8월 16일 킵 손과 앨런 라이트먼의 인터뷰.

35 Alan Lightman, *Probable Impossibilities* (New York: Pantheon Books, 2021), p. 162.

36 H. Iltis, "Why man needs open space: The basic optimum human environment," in *The Urban Setting Symposium*, ed. S. H. Taylor (New London, CT: Connecticut College, 1980), p. 3.

37 Charles Darwin, The Descent of Man (1871), ch. 3, "Sense of Beauty," in *Great Books of the Western World*, vol. 49 (Chicago: University of Chicago Press, 1952), p. 301.

38 Sigmund Freud, *Civilization and Its Discontents* (1929), ch. 2, in *Great Books of the Western World*, vol. 54 (Chicago: University of Chicago Press, 1952), p. 775.

39 수학적으로 표현하면, a가 더 큰 값이고, b가 작은 값일 때 $a/b = (a+b)/a$이면 a/b는 황금비다. 여기서 우변에 있는 분자와 분모를 b로 나누면 $a/b = (a/b + 1) / a/b$가 된다. a/b에 대해 이 2차방정식을 풀면 $a/b = (1 + \sqrt{5})/2$가 나온다.

40 Adrian Bejan, "The golden ratio predicted: Vision, cognition and locomotion as a single design in nature", *International Journal of Design and Nature and Ecodynamics* 4, no. 2 (2009): 97–104.

41 Dacher Keltner and Jonathan Haidt, "Approaching awe, a moral, spiritual, and aesthetic emotion," *Cognition and Emotion* 17, no. 2 (2003): 297–314.

42 http://www.mountainsongs.net/poem_.php?id=904.

43 Alan Lightman and Roberta Brawer, *Origins: The Lives and Worlds of Modern Cosmologists* (Cambridge, MA: Harvard University Press, 1990), pp. 433~434.

44 Graham Wallas, *The Art of Thought* (London: C. A. Watts and Company, 1926).

45 Henri Poincaré, *The Foundations of Science*, trans. George Bruce Halsted (New York: The Science Press, 1913), p. 387.

46 2021년 8월 26일 폴 잉브렛슨과 앨런 라이트먼의 인터뷰.

47 Werner Heisenberg, *Physics and Beyond*, 다음 자료의 독일어를 번역. Arnold J. Pomerans (New York: Harper and Row, 1971), pp. 60~61.

48 버지니아 울프, "여성을 위한 직업Professions for a Woman"(1931년), 1931년 1월 21일 미국 여성봉사협회 지부에서 한 연설. 사후에 「The Death of the Moth and Other Essays」에서 발표. 그 예로는 다음의 자료를 참고하라. (Victoria BC, Canada: Rare Treasures Press, 2000), p. 2017.

5장 인간이 할 수 있는 가장 아름다운 경험, 신비
우리가 살고 있는 이상하고 아름다운 우주

1 https://www.youtube.com/watch?v=eSCDfjTDVCk.

2 1992년 에든버러 국제 과학 페스티벌Edinburgh International Science Festival 강연에서 나온 종교와 신앙에 관한 도킨스의 발언은 "A scientist's case against God," The Independent(London), April 20, 1992, p.17에 인용됐다. "신앙은 생각하고 증거를 평가해야 할 필요성을 회피하는 훌륭한 변명이다." 2001년 10월 11일자 〈가디언 The Guardian〉에 나온 'Has the World Changed? Part Two'라는 글에서 도킨스는 이렇게 적었다. "우리 중 많은 사람이 종교를 해로울 것 없는 헛소리라 여긴다. 신에 대한 믿음은 그것을 뒷받침하는 증거가 완전히 결여되어 있을지도 모르지만 우리는 이렇게 생각한다. '사람에게 위안을 주는 버팀목이 필요하다면, 종교가 해로울 것이 무엇인가?'"

3 원래는 *Forum and Century* 84 (1931): 193-94에 발표됐다. 다음의 자료에 재인쇄: Albert Einstein, *Ideas and Opinions*, 번역. Sonja Barmann(New York: The Modern Library, 1994), p. 11.

인간의 뇌는 어떻게 영성, 기쁨, 경이로움을 발명하는가

초월하는 뇌

초판 1쇄 인쇄 2024년 12월 23일
초판 1쇄 발행 2025년 1월 10일

지은이 앨런 라이트먼
옮긴이 김성훈

펴낸이 김선식
부사장 김은영
콘텐츠사업본부장 임보윤
책임편집 임지원 **책임마케터** 양지환
콘텐츠사업8팀장 전두현 **콘텐츠사업8팀** 김민경, 장종철, 임지원
마케팅본부장 권장규 **마케팅2팀** 이고은, 배한진, 지석배, 양지환
미디어홍보본부장 정명찬 **브랜드관리팀** 오수미, 김은지, 이소영, 박장미, 박주현, 서가을
뉴미디어팀 김민정, 고나연, 홍수경, 변승주
지식교양팀 이수인, 염아라, 석찬미, 김혜원, 이지연
편집관리팀 조세현, 김호주, 백설희 **저작권팀** 성민경, 이슬, 윤제희
재무관리팀 하미선, 임혜정, 이슬기, 김주영, 오지수
인사총무팀 강미숙, 이정환, 김혜진, 황종원
제작관리팀 이소현, 김소영, 김진경, 최완규, 이지우, 박예찬
물류관리팀 김형기, 주정훈, 김선진, 채원석, 한유현, 전태연, 양문현, 이민운
외부스태프 디자인 형태와내용사이

펴낸곳 다산북스 **출판등록** 2005년 12월 23일 제313-2005-00277호
주소 경기도 파주시 회동길 490 다산북스 파주사옥
전화 02-704-1724 **팩스** 02-703-2219 **이메일** dasanbooks@dasanbooks.com
홈페이지 www.dasanbooks.com **블로그** blog.naver.com/dasan_books
종이 한솔PNS **인쇄** 민언프린텍 **제본** 다온바인텍 **코팅·후가공** 제이오엘앤피

ISBN 979-11-306-6238-1 (03400)

다산북스(DASANBOOKS)는 독자 여러분의 책에 관한 아이디어와 원고 투고를 기쁜 마음으로 기다리고 있습니다. 책 출간을 원하는 아이디어가 있으신 분은 다산북스 홈페이지 '원고투고'란으로 간단한 개요와 취지, 연락처 등을 보내주세요. 머뭇거리지 말고 문을 두드리세요.